蔬畦经雨绿

徐红燕——著

〔日〕毛利梅园——绘

上海科技教育出版社

不如，吃成一株植物

采菊东篱下，悠然见南山。然而，东篱之畔，未必就只栽种着清淡风雅宜欣赏的菊花，恐怕亦有菘三畦，韭五行，以供五柳先生佐酒之需。更何况，就连菊花，在中国人的餐桌上，也是可以拿来吃的。

有人说，种菜是根植于中国人血液中的文化基因。就算在异乡的土地上，在美式草坪英式花园之间，依旧能发现中国人细心经营的或大或小的"菜圃"混迹其中。

民以食为天，对于嗜美食的中华民族而言，吃自是一等一的大事，故而自古半亩菜圃便是家居必备之物。隐士如陶潜，若要"欢然酌春酒"，也得仰赖"摘我园中蔬"；洒脱如东坡，也会因一夜雨声而"梦回闻雨声，喜我菜甲长"，晨起便喜滋滋地冲向菜园前去欣赏他的芥蓝与白菘。

现代都市土地金贵，在水泥森林里觅一方栖身之所已属艰苦，若要替植物寻得立足之地更是不易。但人类到底都是远古丛林猎人和植物采集者的后人，种植本能永远在蠢蠢欲动。于是，高楼之上封闭阳台之中，总会排出一个个或方或圆或陶烧或塑制的花盆，盛着买来的土，播种或栽苗，在斗室之内，制造出属于自己的一方植物天地。

"果蔬草木，皆可以饱"，蔬菜，固然首先是拿来吃的，但若有闲情逸致肯去观它的叶赏它的花，它们却也未必没有养眼怡神的功效。如果用一年时间对菜园进行自然观察，就会发现豆类植物均有娇俏可爱的蝶形花朵，所以"一庭春雨瓢儿菜，满架秋风扁豆花"才会成为动人联句。而那些菊科蔬菜莫不有着不输于园艺菊科花卉的灿烂容颜，比如茼蒿，在冬末早春，会开出一地耀眼的金黄，铺成菜圃里的一袭花毯。

故而，种菜也并不是一种不风雅的事。爱好园艺的人常说，养花是将日子过成诗。而若去读一读杨万里、范成大的那些田园诗，自会发现种菜又何尝不是将日子过成诗。只不过，在享受科技便利的当代，我们一不小心就将田园弄丢了。那些"蔬畦经雨绿纤纤"的园圃好景，那种"夜雨剪春韭"的诗意行径，现如今，多数人只能神往，而不能践行。

好在，纵然已经鲜有机会能亲自参与蔬菜由种子到开花结果的"菜生"全过程，但我们至少还有菜市场，还能从货架中识得蔬菜若干种，认得它们的样子，叫出它们的名字，还可以自货架上选回一把把心爱的蔬菜，精心烹制，然后将自己吃成一株植物。

目 录

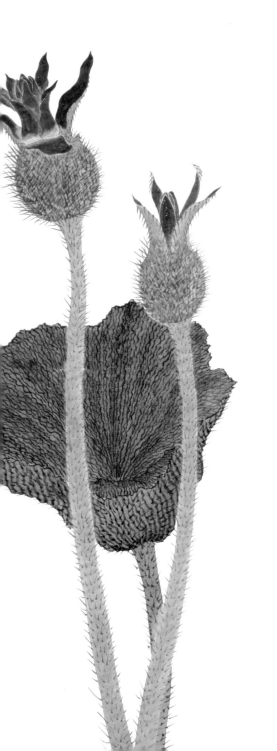

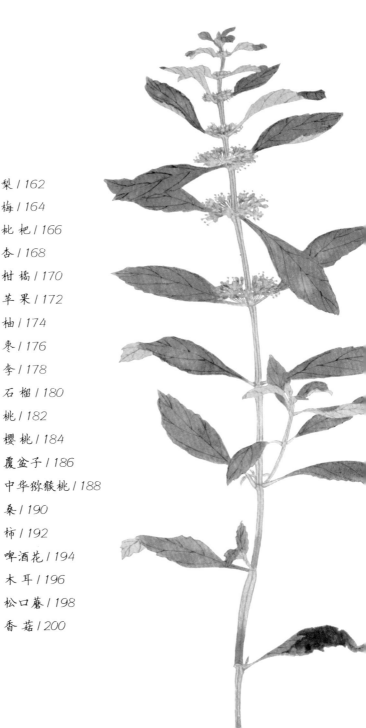

我爱山居好

蔬畦间莳花

学圃关心十亩闲，豆苗九月未凋残。

西风满架花开密，白露中宵堕叶寒。

老母闲居曾手植，先生晚食好加餐。

秋菘春韭山家味，多愧投身在玉盘。

〔清〕汪中《馈山长沈公家园扁豆》

扁豆

Lablab purpureus

豆科 / 扁豆属

2

母亲喜食扁豆，纵然爱它，却不肯于菜圃中给它一席之地，总是于园畔灌木丛边随意点播，然后将一切交给天地与时间。那被交付给泥土与风露的种子，就自行牵藤引蔓，慢慢地将手掌大的绿叶覆满灌木丛。

盛夏过后，秋风渐起，渐呈枯绿的灌木丛中正上演着扁豆最为妍丽的时装表演。绿叶如青羽翻卷，紫朵似轻蝶栖飞，荚果则是一弯青紫的月牙。满树风牵扁豆花，叶花果齐茂并美，紫艳泛彩，美不胜收。

扁豆之美，不仅只在乡野为农人所赏，连并非农夫的文人也爱其风致。郑板桥有联"一庭春雨飘儿菜，满架秋风扁豆花"，简简单单十四个字，写尽菜园春秋盛景。著有《浮生六记》的沈复与其妻子均深谙生活美学，擅长于清贫中创造美而雅的闲趣，他们发明的"活花屏法"，所举案例即是扁豆，"用砂盆种扁豆置屏中……恍如绿阴满窗"，尚非花期已然很有自然雅趣，若值秋令，豆花盛开，其美可想而知。

如果给扁豆一副支架，它可以爬至五六米，芳架垂紫，高高在上，傲视群豆。对于爱吃扁豆的人来说，那挂满枝头的弯月般的果实，是能给予口腹不同层次满足的自然恩赏。青嫩扁平的，切丝清炒；浓紫饱满的，与肉同炖，总能吃得十分尽兴。

蛾眉豆或者娥眉豆，是扁豆的别名，名字因果形而得来，据说有些地方甚至觉得用眉为喻还不够，直接唤它月亮菜。扁豆花分红白两色，成熟荚果的颜色也相异，绿、白、青、粉、紫皆有。如若混植，秋风起时，满架色彩斑斓的俏蝶轻舞，彩月悬挂，无限风华。

雨满菜豆肥

　　说起菜豆，许多人大概一片茫然，不知所指。若改称四季豆，就会恍然大悟：啊，原来说的是它。菜豆，虽然是 *Phaseolus vulgaris* 的中文"正名"，但并不通用。

　　或因中国太大，蔬菜名并不统一。四季豆也并非菜豆的唯一别名。在不同地区，菜豆或名扁豆（抢了真正的 *Lablab purpureus* 的中文名），或叫芸豆，甚至叫刀豆、架豆、豆角儿等等。不同地方的人碰到一起，说起豆角啊扁豆啊，以为大家在讨论同一种食物，其实压根不是那么一回事，脑海里都浮现着长着不同样子的植物呢。

　　众食用豆类中，菜豆脾气稍差，如果主厨人麻痹大意，未将之烹煮熟透，吃下后则往往有中毒之虞。对于谨小慎微的煮饭婆来说，宁可舍弃味道，也要保证安全，即使不水淹狂炖，也会炒到颜色灰绿。好在，只要采摘时机得当，菜豆在正当好年华的青嫩之际下锅，不管水深火热到何种地步，它都不会失却甘香好滋味。

　　蔓生的菜豆，需要人工搭起爬架供它攀缘。一架菜豆也是菜圃里一架风景，由卵形小叶组成的三出羽状复叶，青润而略覆柔毛；轻巧的蝶形花，依品种或白或紫或黄。它那扁圆柱形、长约寸余的荚果，肉质丰厚而水润，较弯如蛾眉的扁豆稍长，比一尺有余的豇豆要短，累累垂于架上，堪称碧青玉柱。

　　大多数人只见过菜豆肉嫩的荚果，未曾见过它叶绿花开时的样子，也不曾见过它老去的容颜。菜豆荚果成熟后渐渐失水干枯，因为变种太多，种子也色彩多变，白红黄黑或带有斑纹。超市杂粮柜里那些以芸豆为名的豆子，很有可能就是青春不再的菜豆，换了一副面孔，来让人类将它吃下肚。

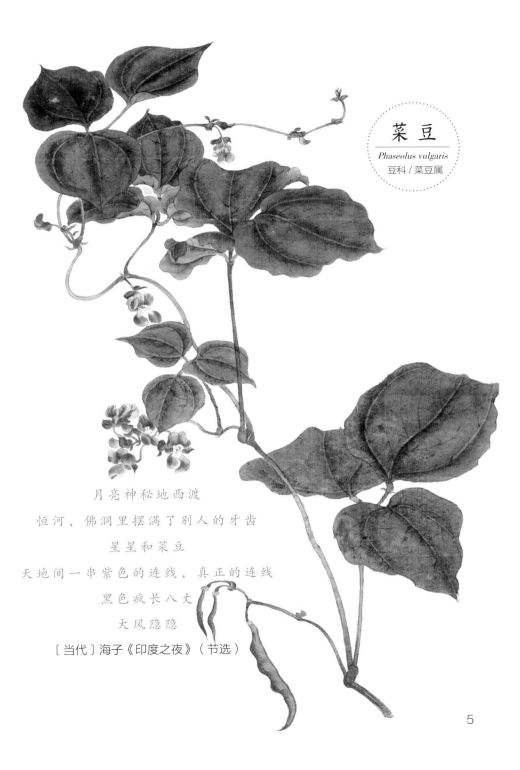

菜豆

Phaseolus vulgaris
豆科 / 菜豆属

月亮神秘地西渡

恒河，佛洞里摆满了别人的牙齿

星星和菜豆

天地间一串紫色的连线，真正的连线

黑色疯长八丈

大风隐隐

〔当代〕海子《印度之夜》（节选）

乱后还山喜复哀，旧书妄人等秦灰。

翛然山径花吹尽，蚕豆青梅存一杯。

〔宋〕舒岳祥《春晚还致庵》

蚕 豆
Vicia faba
豆科 / 野豌豆属

杨万里咏蚕豆，说它"翠荚中排浅碧珠，甘欺崖蜜软欺酥"。不过既然以珠喻豆，所咏只怕不是蚕豆而疑似豆如珠圆的豌豆。无独有偶，明人王世贞写蚕豆，也说"豆作绿珠圆，蚕似碧玉皱"。此类谬误，不知是文人手笔但求文字美观而不讲究科学严谨所致，还是因为豌豆、蚕豆旧时均以胡豆为别名，以至于很多人将之混为一谈。连李时珍都要特意加注一句："此豆种亦自西胡来，虽与豌豆同名同时种，而形性迥别。"

一样是菜园作物，蚕豆确实与蔓生柔婉的扁豆、菜豆、豌豆、豇豆不同，是个矮壮派的粗豪汉子。它不娇弱，贫瘠土壤、荒畦野径随意点播也能长得很好。主茎粗直，高近一米，站得笔挺，花多为白色且点缀黑纹，也有蓝紫间黑纹的品种，初夏果实累垂不堪重负，蚕豆才会倾斜甚至倒卧。

与豌豆一样，蚕豆于秋日播种，于初夏五月成熟。杨万里说它荚排碧珠固然欠妥，说它"味与樱梅三益友，名因蠢茧一丝约"倒是很符合实际。樱桃红、青梅绿、桑葚紫、蚕豆豌豆青如许，皆是五月蚕桑正盛时的田园时令佳蔬新果。

蚕豆之名，或因荚果长圆而鼓，仿佛结蛹前吃得滚圆的春蚕；又或如古人所说蚕豆"蚕时始熟，故名"。蚕豆成熟往往略晚于豌豆数日，但产量却远丰于豌豆。

蚕豆在从前是典型的时令菜，随采随食，至多只能得半月美餐。今日农人有爱它的，种上一大片，豆尚青青时剥好送入冷柜冰冻，一年四季，随时取食，也算是借此留住一缕晚春的滋味。至于蜀中名产豆瓣酱、兰花豆，则是蚕豆的另一番精魂所在，隽永不散，回味无穷。

岂有耶溪父老钱，

无朝无暮在樽前。

樱桃豌豆分儿女，

草草春风又一年。

〔元〕方回《春晚杂兴十二首·其六》

豌豆

Pisum sativum

豆科／豌豆属

8

丰子恺有一幅画，画着众小儿环绕持碗的母亲，或张口期待或扯腕挂臂，盼着分得蔬果。画中题了方回的两句诗"樱桃豌豆分儿女，草草春风又一年"，短短十四字，为画添色三分，令读者只觉春意袭面而来。

如同许多豆科植物一般，豌豆也会开出美丽的蝶形花朵，一只又一只淡紫轻粉的小蝴蝶，在三四月的微风下，和着青绿的藤蔓，在阳光下飞舞。

清明过后，豌豆渐次挂果，从谷雨至立夏，仅数厘米的青荚迅速由扁平而趋膨胀、饱满。若要品尝嫩豆的清甜，要认清时机下手，才能找到青果已变圆润但豆质依旧水嫩的那一颗。五月麦收时节，麦穗金黄豌豆熟，脱掉外衣的豌豆，变身为白瓷盘里的青豆粒粒。豌豆斩新绿，樱桃烂熟红，共同成为五月餐桌上最为清新的点缀。

其实，与豌豆结伴同行的水果并非仅有樱桃，蔫红黝紫簇成堆的桑葚也是它们的同级生。往昔的五一假期，实在是其馋无比的乡间顽童最为幸福的假日。豌豆田里、桑树之上，往往遍是剥豆摘果的孩童。

清明前后种瓜点豆，不关豌豆的事。豌豆看起来柔弱，却很是耐寒，长江流域诸省，往往在深秋点下豌豆种子，晚冬早春，掐取它水嫩而含清香的新茎，或切碎入粥，或清炒入汤，是腊正两月里最为清爽可口的绿色蔬菜。那一碗白汤点碧的豌豆尖菜粥，是许多离乡旅人浓郁的乡愁。

豌豆老了，虽然没有变成关汉卿那样的铜豌豆，却也是坚实无比，炒熟当成零嘴，极为考验牙齿。如果把它磨成粉，它又能化成一碗白玉莹莹、弹牙可口的豌豆凉粉，美丽又美味。

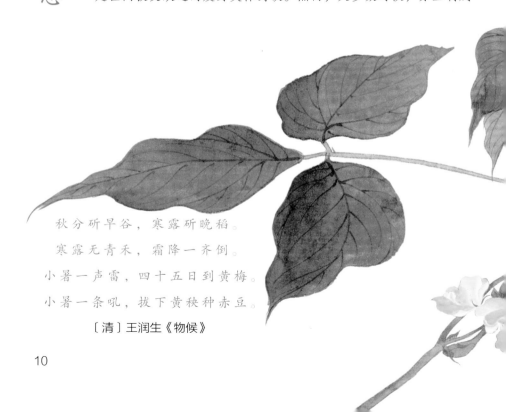

赤豆不相思

自从王维诗笔一挥，写下"红豆生南国……此物最相思"，"红豆"二字，渐成了相思的代名词。天生万物，能够长出红色豆形果实的植物实在太多。在豆科，有红豆属、海红豆属，个中物种大多是与"春来发几枝"更为相符的木本植物，而它们也多拥有红豆形状的果实。

毫无疑问，在中文尤其是诗歌的语言世界，红豆不是专有名词，而是一种意象。读诗的时候，将它等同于任何一种具象植物，都有可能只是无谓的考证，或是想当然的误解。

相思令人瘦，赤豆据说也有同效。学名为赤豆的豇豆属植物 *Vigna angularis*，绝大多数情况下以红豆之名出现在今日中国人的饮食生活里。人们相信它利水消肿、袪湿热，红豆薏米的组合，是世间极受欢迎的瘦身美体药饮。然而，大多数时候，赤豆制成

秋分斫早谷，寒露斫晚稻。

寒露无青禾，霜降一齐倒。

小暑一声雷，四十五日到黄梅。

小暑一条吼，拔下黄秧种赤豆。

〔清〕王润生《物候》

的食物，不叫人瘦而却令人肥。因它往往与糖、猪油组合，以豆沙馅这种高热量的姿态藏身于包子、馅饼之内，或以红豆刨冰、椰汁红豆等甜品的形态出现在人类的餐桌上，成为催肥主力军之一。

于古人而言，赤豆亦无干相思。或因深信红赤颜色有辟邪之效，赤豆在往昔承担起诸般重任：新年供神，"自元旦至三日，皆用赤豆饭以供神"；防瘟除病，"疫鬼畏赤豆，故是日作赤豆粥"，甚至迷信到了夸张的地步，"正月七日，男吞赤豆七颗，女吞二七颗，竟年无病"。汉风东渐，今日邻国日本，承中国古风，有以赤豆饭作为庆祝餐食的习惯。

赤豆还有个与它极为相似的姐妹，名为赤小豆（*Vigna umbellata*），一如其名，要比赤豆小一号。赤豆肉质肥厚宜于食用，赤小豆药效更佳，性凉不宜多食，久食瘦人，不是苗条的瘦，而是不健康的瘦。故，市场买红豆，切记认清楚。

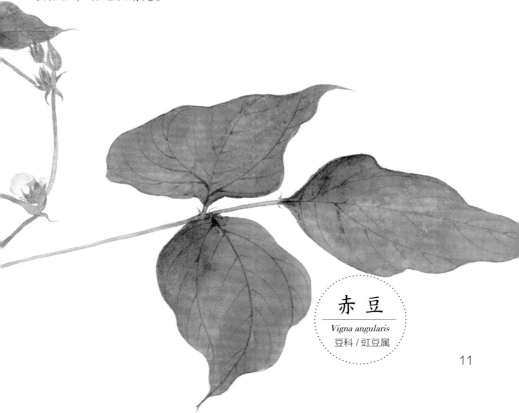

赤 豆
Vigna angularis
豆科 / 豇豆属

或许，你所以为的刀豆，其实不是刀豆，因为中国某些区域将菜豆也称为刀豆。植物名物混乱原是常事，食用豆类更是重灾区，大江南北黄河上下，各叫各的，同一种植物同一种豆子，可以叫出几十种花样。也许，除了黄豆绿豆能够实现中华大一统名物匹配，其他豆类可能均无此福分，更何况并不常见的刀豆。

刀豆有侠气，古人说它"一名挟剑豆，以荚形命名也，荚生横斜，如人挟剑"，日文名袭用中文名，英文名则是 sword bean。看来，全世界都认可刀豆作为带刀大侠的江湖身份。

如果亲眼见过刀豆短则二十厘米，长则五十厘米的阔带状荚果，估计人们将不会再把长度不足十五厘米的菜豆称为刀豆，毕竟小巫见大巫，班门弄斧，菜豆也会自觉羞赧，一定不会再乐意被冠以刀名。然而，不知道是不是因为刀豆不够美味，它在当代几乎绝迹于菜场，鲜为人知，今天见过它的人应该并不多。

刀豆，处处有之，人家园篱边多种之。

苗叶似豇豆，叶肥大，开淡粉红花，结角，如皂角状而长，

其形似屠刀样，故以名之。

〔明〕徐光启《农政全书》（节选）

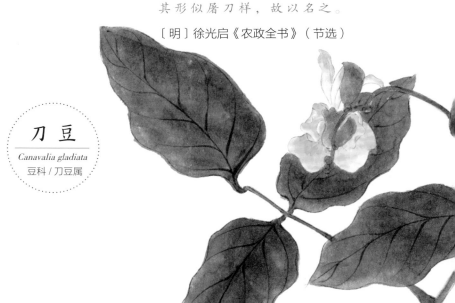

刀 豆

Canavalia gladiata

豆科 / 刀豆属

在物资匮乏的古代，人们倒不嫌弃它，说它"煮食酱食蜜饯皆佳"，而刀豆指头大的淡红褐色种子，则称"同猪肉、鸡肉煮食尤美"。当然也有人认为它味道并不怎么样，"仅可酱食"。不管好吃与否，刀豆在古代称得上是常见园蔬，明太祖之子朱橚所撰的《救荒本草》就说它处处有之。

以刀豆的身量，一枚荚果可抵过菜豆一把，且不论口感，若纯为果腹，种刀豆还是相当划算的。今日农家尚有种植刀豆的，似乎罕有鲜食，多以之制作酱菜或泡菜。

刀豆属另有海刀豆，荚果短而狭，十厘米左右长，比刀豆小很多，但是有毒，不可食用。不是所有的豆都可以拿来吃，如路遇之，切不可胡乱采食，当心为刀气所伤。

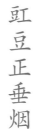

豇豆正垂烟

如果在十平方米左右的菜地上，种上十余架豇豆，到得七八月，种豆人将望豆兴叹，徒叹光阴太无情，刀刀催豆老。豇豆之豇字，常有人字认半边，误读为工豆或缸豆，实则今音同江字。不知是不是因为豇豆太易念错，菜市场常将它称为豆角，或添加一凸显其个性的修饰词，唤为长豆角。诸豆类蔬菜之中，当以豇豆为最长。

在炎夏的盛果期，满架豇豆，长条垂挂，清晨携一只巨大的船形竹篮去摘豆，往往可能摘得篮子都装不下。

豇豆高产，食用的速度根本跟不上豇豆疯长变老的速度。若把豇豆留在枝头变老，不出数日，肉质萎缩如絮，豆粒膨大变硬。虽然将豆粒剥出炖食，也别有滋味，但终究既费工夫又损耗了原本美味可口的豆荚。农家可惜豇豆易老，往往将鲜豇豆摘下后大锅水煮烫软，再借烈日之力晒制成干豆角。等到菜圃青黄不接的初秋早春时节，正是干豆角大显身手的时刻，以之佐肉炖煮，是极具田园风的佳肴，所以干豆角才能成为富贵人家也惦记的物什，成为《红楼梦》里平儿特意叮嘱刘姥姥下次带来的农家干菜之一。除了宜于久藏的干豆角，鲜豇豆还能泡制成酸豆角，青绿之色犹在，而酸辣开胃。

豇豆花开，多淡紫粉色，少见白色，常一枝并蒂成双结对。故而线形细圆的荚果也是双生，两条同蒂，自两米余高的藤架上直垂而下，碧条翠柱，青葱可爱，有如携手同行的青春爱侣，教人羡煞。长在中下部的豇豆，垂挂空间不够，处境大不如身在高处的荚果，往往长条委地，身染土锈，红斑点点，大有沦落风尘之态。

绿畦过骤雨，细束小虹蜺。

锦带千条结，银刀一寸齐。

贫家随饭熟，饷客借糕题。

五色南山豆，几成桃李蹊。

〔清〕吴伟业《梅村家藏稿·豇豆》

豇 豆

Vigna unguiculata

豆科 / 豇豆属

篱上丝瓜密

　　乡下人很少正儿八经地种丝瓜，庭前屋后，墙畔篱落，丝瓜几乎是逸生状态。也不知道是哪一年人工播下的种子，以雨露为餐食，自生自长，一代一代地开花结果，历经许多个春秋。

　　因为随处可见而又丰产量多，也因为夏天蔬菜多得来不及一一吃掉，轮不到丝瓜，所以许多丝瓜尤其是高踞于墙瓦之上或高挂于大树之枝的那些，往往不会被人摘下，由嫩至老及枯，悠悠自悬挂，全无性命之忧地逍遥度日。纵然苗枯藤断，依旧无视人世喧嚣，看尽秋风起、冬雪落、春日暖。

　　来年，几场春雨过后，风雪中老去的丝瓜，丝络渐烂，才释放出黑色的种子，任其一一落地，重复上一代的瓜生。

寂寥篱户入泉声，不见山容亦自清。

数日雨晴秋草长，丝瓜沿上瓦墙生。

〔宋〕杜汝能《丝瓜》

丝 瓜

Luffa aegyptiaca

葫芦科 / 丝瓜属

　　一季长夏，丝瓜花次第开，屋檐墙下挂着的丝瓜陆续长大，晨间傍晚，炊烟一起，篱上一根水分充盈的丝瓜，已化为一碗淡绿泛白的清炒丝瓜或浅碧间花的丝瓜蛋花汤，成为食欲寡淡的苦夏之人最好的度夏食物。

　　丝瓜以丝为名，乃因水分尽散的老年丝瓜会呈现出与青年时代完全不同的模样：筋缕外络，中悉透空，宛如丝线织就的精巧背囊。磕掉黑籽，剥除外皮，露出米白肌肤的丝瓜络，是乡下人家最爱使用的纯天然洗锅刷碗用具。

　　到了广东，就会发现，原来更受粤地人民欢迎的丝瓜，并不是被他们改称为水瓜的光滑无棱的丝瓜，而是与丝瓜同属却体有棱角的广东丝瓜（*Luffa acutangula*）。究竟谁的味道更好一些？作为看惯了无棱丝瓜的异乡来客，在广府菜场里，如果一定要答这道单选题，也许很多人还是会选无棱丝瓜。毕竟，寄寓在食物身上的那一缕味蕾记忆是难以磨灭的。

冬瓜大于斗

　　某年十月初去农家，见八仙桌上搁一个青皮覆粉、腰阔膀粗、长七十厘米有余的大冬瓜，不由啧啧称赞。冬瓜虽滋味上佳，但因体形庞大，农家水肥既足，冬瓜动辄重逾四十斤，运输便嫌艰难。现今农家留守在村中的，非老即小，体弱力薄，不胜其重，采摘之后无力将大瓜搬运回家，是以种冬瓜者越来越少。

　　这种旧时常见的瓜蔬，终于连农家也要仰赖菜市供给，被商家一段一段地切成一个个圆饼，被不同的人带回家。一个冬瓜，就此化为十数户互不相识的人家的桌上美食，或红烧酱焖，或与虾仁同蒸，或就是清爽简单的一份素冬瓜汤。诚如古人所言，冬瓜可荤可素，可煮为茹，可蜜为果。

　　众口难调，不是所有人都爱冬瓜，明人王世懋对它评价一般，"味虽不甚佳，而性温可食"。但以深谙生活之美自诩的清人袁枚对它的喜爱之情溢于言表，将它与蘑菇、鲜笋同列为"可荤可素者"，认为"冬瓜之用最多"，对在粤东吃到的冬瓜燕窝赞叹不已："以柔配柔，以清入清。"

　　北宋时的江陵人张景，面对宋仁宗"卿在江陵，所食何物"的询问，也曾无比骄傲，报出家乡风物："新粟米炊鱼子饭，嫩冬瓜煮鳖裙羹。"十四字，道尽鱼米之乡的江陵餐食风情。离乡日久的张景，应该也会如起莼鲈之思的苏州人张翰一样，泛起对冬瓜鳖裙的味觉乡愁吧。

剪剪黄花秋后春，霜皮露叶护长身。
生来笼统君休笑，腹里能容数百人。

〔宋〕郑清之《冬瓜》

冬瓜
Benincasa hispida
葫芦科 / 冬瓜属

葫芦虽小藏天地，

伴我云山万里身。

收起鬼神窥不见，

用时能与物为春。

〔宋〕陆游《刘道士赠小葫芦四首·其一》

葫芦

Lagenaria siceraria

葫芦科 / 葫芦属

20

葫芦在中国，有点神奇，往往与神仙有点关联。《西游记》里有太上老君的紫金红葫芦，打开葫芦口，叫你三声你都不敢答应。过海八仙之一的铁拐李，背着一个标志性的大葫芦。后来，一部堪称经典的动画片《葫芦兄弟》，让葫芦娃成为了国民记忆。

在中国人的记忆里，葫芦太忙了，忙着装神丹，忙着镇蛇精，忙着挂在寿星的桃木杖上头。人们甚至忘记了它原来也是田头菜圃最常见的一种蔬菜。而在塑料制品席卷天下的当今世界，新生代更无几人见过"箪食瓢饮"里、"弱水三千只取一瓢"里的瓢——用葫芦干壳剖成两半做成的舀具。

自古以来，葫芦的变身很多，名头不一，且分工明确。长着葫芦娃那般美丽细腰身形的葫芦似乎不适合食用，而只能装美酒、盛仙丹，成为神仙或酒豪剑侠的行头，或者被艺术家拿来在外皮上雕刻涂画。被采摘入馔的葫芦，常称为瓠子，往往粗细均匀，并无蜂腰。至于头小肚大的匏瓜，才是清贫的孔门弟子颜回手里那一个破旧古老的水瓢的前身。

日本人因为葫芦常在傍晚花开，为它取了个唯美的名字"夕颜"，但对钟情于好彩头的中国人来说，葫芦一名因为音谐福禄，反而更合心意。

因为用处太多反而被遗忘蔬菜身份的葫芦，其实味道极好，折项葫芦初熟美，蒸时不厌葫芦烂，清炒或荤食，烹调得宜均有上佳口感。也许，吃完醇香烂熟的肉炖葫芦，吹一曲悠扬葫芦笙，再把玩一会手捻小葫芦，才是中国人小福即美的福禄（葫芦）日常。

葫芦初熟美

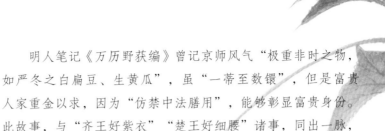

夏至熟黄瓜

明人笔记《万历野获编》曾记京师风气"极重非时之物，如严冬之白扁豆、生黄瓜"，虽"一蒂至数镮"，但是富贵人家重金以求，因为"仿禁中法膳用"，能够彰显富贵身份。此故事，与"齐王好紫衣""楚王好细腰"诸事，同出一脉，都是人心对上流阶层一种可怜卑微而又不自知的可笑仰望。

原生异域的黄瓜，西汉时已引入中土，栽培数千年，在盛果期的夏季里，野道村口，牛衣古柳卖黄瓜，是最寻常可得的农家园蔬，并非贵重食材。夏日里骄阳烤炙，地热蒸腾，鸣蝉聒噪，人莫不心浮气躁，当此际，若有一个浸于冰沁井水中的黄瓜在手，一口咬下，"食之飕飕清齿牙"，可换得心中半刻清凉，这才是黄瓜的真滋味。

今日菜市所售黄瓜，皆头顶半萎未凋的黄花，柔刺遍体，绿皮青翠。或者售卖人自觉与黄字不符，往往称之为青瓜。黄瓜初入华夏，名为胡瓜，因帝王（一说杨广，一说石勒）不喜之故，改称黄瓜。黄字由来，是因为黄瓜初生青而老熟后变黄。都市人之所以只见其青未见其黄，是因为正当青春的黄瓜才是它汁多水嫩最为可口的年华。刀拍黄瓜也好，凉面里那一堆点翠添凉的黄瓜丝也罢，都不适合瓜老皮黄的老黄瓜上场。

都市菜场喜售细条带刺的品种，一些农村老人却独爱身材圆胖、微有棱纹的另一种黄瓜，也不为其搭架，任其蔓地而生，卧地变黄变老。摘回外皮褐黄的老黄瓜，切成大块，佐以田间捉来的泥鳅，加足姜蒜辣椒，炖一锅鲜香咸辣的泥鳅黄瓜锅，那是与细切黄瓜凉欲嚏截然不同的另一番夏日风味。若提高级别，用黄鳝代替泥鳅，味道更佳。

黄瓜

Cucumis sativus

葫芦科 / 黄瓜属

车前楚楚初抽穗，桂髓绵绵引嫩条。
叶底翠罂真可摘，孰云不可报琼瑶。

〔唐〕王翰《瞿长史黄瓜图》

生不厌苦，熟不妨甜。
生熟并用，取不伤廉。

〔清〕成鹫《苦瓜》

苦 瓜
Momordica charantia
葫芦科 / 苦瓜属

青蔓苦瓜苗

农人在菜园边枯死的野树旁点播下一窝苦瓜种子。盛夏时节，漫树青缠绿绕，化为苦瓜的天下，绿丝蔓深裂叶，黄花错落盛开，癞皮碧果累垂。奈何一家数口，竟逾半数嫌它味苦而拒食。来不及摘下为蔬的苦瓜不耐烈日炙烤，数日即转橙变红，变成略带甘甜的熟果。

史上最爱苦瓜的人或许是明末清初的画家石涛，不仅自号为"苦瓜和尚"，据说还将苦瓜供而拜之。只是，身为国破家亡之人，他是真爱苦瓜滋味，还是如后世揣摩乃借苦瓜之青皮朱瓤自况，又或两者兼而有之，就只有他自己知道了。

粤地湿热，居民均爱苦瓜性凉解暑，爱称其为凉瓜，且市售品种往往不止一种，皮色或青或白，滑皮癞皮均有。而在江浙一带，更常出现的栽培品种，却是别称为金铃子的癞葡萄，果实比常见苦瓜短而圆，宛如纺锤，熟透后外皮橙黄，鲜红内瓤较普通苦瓜甘甜。玲珑可爱的癞葡萄挂于藤蔓间，衬着因细裂而显清瘦的绿叶，是极具江南风味的天然画境。

昔年，诗人余光中见故宫文物白玉苦瓜而写下诗作吟唱："一首歌，咏生命曾经是瓜而苦，被永恒引渡，成果而甘。"世间原无皮色洁白的苦瓜，或因玉雕与诗作影响，台湾地区育种专家培育出白玉苦瓜品种，一洗苦瓜之青绿。博物馆里看尽世事沧桑的不朽的白玉苦瓜，终于在人类手中幻形成为活色生香的实体。或许，这也是生命的另一种引渡。

其实，苦瓜之生苦熟甜，只是它为了繁衍而设的小小心机。用苦，在种子育成前谢绝动物侵犯；用甜，在种子成熟时邀请鸟兽代为传播。每一个生命，无论草木还是动物，为了在天地山川中代代相传，都很努力呢。

谁人识菜瓜

在三四十年前，乡下人的夏天，还习惯露天乘凉，躺在竹床上，摇着蒲扇，仰看星斗在天河璀璨，时不时有流萤飞过，一明一灭间又径自飞走。渐近午夜，暑气渐消，凉意缓生，通体清爽的人们便纷纷进屋正式开始睡觉。

然而，片刻后即有人挨家敲门，说是发现两个拿着大麻袋偷瓜的贼。凌晨，整个乡村静悄悄地兴奋，男人们都奔向田埂瓜田，而妇孺则睡意全无地等着"缉盗勇士"凯旋。结果可想而知，见全村的彪形大汉蜂拥而至，"大盗"自然落荒而逃，两麻袋战利品也因过于沉重而被弃于田野上。

那时候的田埂，隔着一两米就点着一窝菜瓜，两麻袋的赃物，不过就是菜瓜而已。即便失盗，除却特别爱惹是生非的泼辣妇人会在村中隔空骂贼之外，一般人家都并不在意。故而，不需要去清点菜瓜到底属于哪一家，乐呵呵参加完捕盗游戏的男人们，随意拿取一两条归宅，自与家中妇孺分享。

菜瓜已和南瓜一样，属于近乎天生天长之物。农人出于勤俭天性，不愿令任何一块土闲置，故而在田埂上挖一个小窝，随意点下去年瓜瓢里晒干的种子。然后，随它爱发芽就发芽，爱结瓜就结瓜。等到夏日灌水肥田时经过田埂，就拣一个长得可人的摘回来，爱甜的佐糖醋，食咸的佐盐酱，成为桌上一盘并不太受欢迎的凉拌菜。

虽然菜瓜是甜瓜的变种，但无论入馔还是生食，都有欠美味，古人也说："瓜之不堪生啖，而堪酱食者曰菜瓜。"不料，去年暑期，朋友归鄂南故乡探亲，千里迢迢背回一个瓜，大赞水分充足，极利于消暑解渴。拿出来一看，啊，好久不见，原来是你，菜瓜！

菜 瓜

Cucumis melo subsp. *agrestis*

葫芦科 / 黄瓜属

池亭清绝树交加，静爱园居长菜瓜。

饱食太平无一事，不妨闲驾白牛车。

〔明〕张诩《卜园居二首·其二》

27

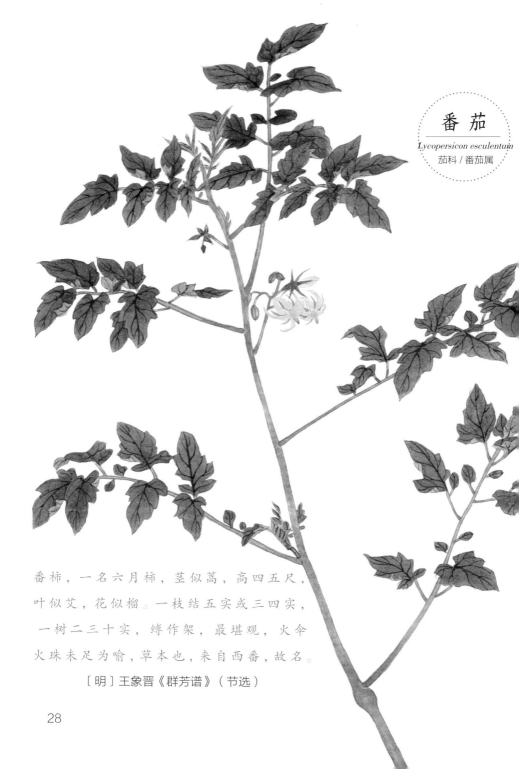

番茄

Lycopersicon esculentum

茄科 / 番茄属

番柿，一名六月柿，茎似蒿，高四五尺，叶似艾，花似榴。一枝结五实或三四实，一树二三十实，缚作架，最堪观，火伞火珠未足为喻，草本也，来自西番，故名。

〔明〕王象晋《群芳谱》（节选）

在清代文献里现身的番茄，均归于茄子名下，为茄子中一种，"白而扁，谓之番茄，此物宜水，勤浇多粪则味鲜嫩，自小至大生熟皆可食"。这显然不是现代俗称西红柿的植物。如果看到生熟皆可食就觉得疑似现代番茄，那就错了。南方人可能不会生吃茄子，然而在东北地区，生吃茄子可是寻常之事。

去古书里找寻番茄的前世，用番柿这两个字，可能更合适。文献中对这种来自异域的植物，风评似乎并不太好："番柿，形似柿，皮有毛，色略红，味酸涩，皆非佳品。"

想来，之所以酸涩，应该是不知食用方法，番茄尚未红透，美好的酸甜滋味还未能正常展现在试吃的中国人的味蕾之上。不仅在中国如此，当原生南美的番茄漂洋过海来到欧洲，西方人也是费了漫长的时间，才终于有不怕死的好吃鬼愿意以身试果，证实它味美而无毒后，才将它从观赏植物的 love apple，提升到蔬菜的地位，成为亦蔬亦果的 tomato。

除了清代文献，明人王象晋《群芳谱》里亦有番柿一条，"茎似蒿，高四五尺，叶似艾，花似榴。一枝结五实或三四实，一树二三十实，缚作架，最堪观，火伞火珠未足为喻"，诸般文字描述与番茄特征基本相符。

番茄并非娇滴滴的海外贵客，它非常皮实。即使是那些作为水果隆重推出来的新变种如樱桃番茄之类，一年种之，果熟落地，种子入土，次年春暖风雨后，番茄就会自行出芽、开花、挂果。所以，在大都市的小区或路边，偶尔也会发现逸生的番茄植株，或许它就是由某位边走边啃西红柿的路人指缝间漏出来的种子生长而成。

土豆乃洋芋

茄科植物 *Solanum tuberosum* 最通用的中文名是马铃薯，很少人知道它的中文正名是"阳芋"。其出处应为《植物名实图考》："阳芋，黔滇有之……疗饥救荒，贫民之储。"阳芋的别名很多，其中一土一洋，即土豆和洋芋是最广为人知的名字。

现在说土豆，十之八九的人都知道是指马铃薯。古时说土豆，多半指的是落花生，《台湾通志》等诸种清代文献，都有"落花生，俗名土豆"之类的记载。

作为仅次于稻谷、小麦、玉米的第四大粮食，早在明末清初传入中国之前，马铃薯已在西方广为栽培。但是，论食用方式，较之土豆泥、炸薯片等屈指可数的西方菜式，应该还是中华民族的花样更多。丝片块泥，炒炖煎炸，酸辣甜咸，虽然众口难调，马铃薯却能一薯分饰数角，轻松找到每一个人的馋点。

长江流域，马铃薯往往能冬夏两播，仲春晚秋各收获一次。初夏五月的农忙时节，田雨满溢，鳅鳝渐肥，田间忙碌归来，挖半畦鸡蛋大小的白嫩新土豆，捞起几尾水桶中清水养了数日的泥鳅或黄鳝，割几片瘦少肥多的腊肉，佐料放足祛除鳅鳝的泥土腥气，用冬日烧柴火攒下的木炭，在旧式的铜火锅里炖一锅鳅鳝土豆，是令游子垂涎不已的乡野美味。

如烹制口感爽脆的酸辣土豆丝，市场常售的所谓荷兰土豆更加合适。但农家自种的土豆品种，虽比荷兰土豆小上许多，但口感滑腻柔嫩，炖食绝佳。

阳芋

Solanum tuberosum

茄科 / 茄属

但是初春一棵枯寂的小树，一座监狱的小院

和阴暗的房里低着头剥马铃薯的人：

他们都像是永不消溶的冰块。

〔现代〕冯至《十四行集》（节选）

南瓜，形扁，有棱，色红，经霜后收置暖处可留至春时，不宜生食，味如山药，同猪肉煮亦佳。

〔清〕《古今图书集成·松江府物产考》（节选）

南 瓜
Cucurbita moschata
葫芦科 / 南瓜属

学生时代，有生于二十世纪五十年代的老师，总爱忆自己求学之苦，从而劝学生身处顺境应少壮多努力。说起他求学之苦，原句是："吃的是南瓜，睡的是草席，天上有飞机，地下有坦克。"飞机坦克者，蚊子跳蚤也，的确食宿均很清苦。

耐贫瘠土壤又丰产的南瓜，一如古人所言，"凶年土人资为餔"，从来是穷苦草民赖以熬过饥荒的救命粮。而穷得要去贾府打秋风的刘姥姥，行酒令时也很配合身份地说出"花儿落了结了个大倭瓜"，倭瓜，也是南瓜。

南瓜并非中国原种，原产南美洲，所以诸种别名，都指向它的移民身份。《本草纲目》载，"南瓜，种出南番"，这可能是南瓜之名最初的由来。明清时期从国外引入的作物多冠以"番"字，"番瓜"一般指常见南瓜品种。"倭瓜"一称或因南瓜自南洋传入闽浙，彼时倭患闽浙，时人便误以为南瓜来自日本。有趣的是，日本人却认为它是中国之物，称它为"唐茄子"。

此外，北瓜也是南瓜的别名之一，和珅的《钦定热河志》如此解释，"其一种色红者亦曰南瓜，止采以供玩，不可食，南方人谓之北瓜"，看来是将长得漂亮的南瓜品种单独立了个名目。

现代人食不厌精之后，又开始信奉粗粮蔬果能健体益身，南瓜也是榜上有名的有益蔬粮之一。普通的大南瓜虽多产价廉，但吃法多样，青嫩时清炒鲜中带点甜，老黄时蒸一笼南瓜粉蒸肉，是农人秋冬待客的大菜。嗜甜食者，可能更爱南瓜一点，简简单单蒸煮炖，就可享受一份纯天然的香甜。至于南瓜浓汤、芝士南瓜饼等等，更不是贫家清寒简餐，而是考究的餐馆菜肴了。

清水煮南瓜

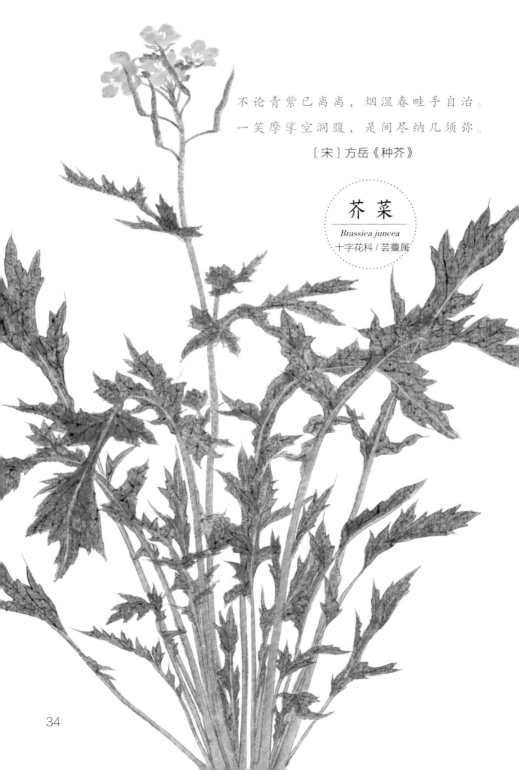

不论青紫已离离，烟湿春畦手自治。
一笑摩挲空洞腹，是间尽纳几须弥。
〔宋〕方岳《种芥》

芥 菜
Brassica juncea
十字花科 / 芸薹属

芥菜，一菜分饰多角。它是热狗里的黄芥末，也是早春菜架上那一把翠羽青叶的雪里蕻，是一瓶腌得咸香可口的大头菜，是驰名中国的涪陵榨菜，甚至仅在川国蜀地扬名立万、他乡人士看了一头雾水不知从何下口的儿菜，真名也是抱子芥。

陆游有句诗：菘芥煮羹甘胜蜜，稻粱炊饭滑如珠。古名为菘的白菜，的确自带清甜，经霜浴雪后更显味甘。但菘的近亲芥菜，却并不是个脾气温和如蜜的家伙，虽然也有少数变种滋味甘脆，但叶实抱芳辛，气烈消烦滞，才是它的真面目。《德安府物产考》中的描述就直指它的特点："芥菜，俗呼辣菜。"

尽管芥菜从上到下由叶及根均气味冲鼻，带苦含辛，但最催人泪下的还是它颗粒很小的芥子——榨为油，呛且辣；磨成粉，是为芥末，食之涕泪交流。这里要提一句，日本寿司里声名显赫的绿芥末是用块茎山葵菜或辣根制成的，与芥无关。

一般来说，芥菜茎叶根块，更宜盐菹腌制食用。一把青葱的雪里蕻，开水浸烫，加盐浅渍一两日，咸鲜可口。若风干盐渍后将雪里蕻置入陶罐腌藏，即为知名咸菜雪菜，可与一众时令鲜蔬如冬笋、青豆、蚕豆等搭配，鲜香味美。煮食年糕和挂面之时，添一点雪菜，芥姜作辛和味宜，往往能化腐朽为神奇。

在腌制食品世界，雪菜与榨菜可谓并驾齐驱，旗下拥趸无数。虽说近些年因为频频宣传腌制食品多食无益，人们吃得没从前那么多了，但芥菜腌物那一把酸辛复甘、咸鲜开胃的滋味，应该还是会引得许多人食指大动，忘却伤身告诫姑且先食为快，就如杨万里一般：自笑枯肠成破瓮，一生只解贮寒菹。

辣椒似秃笔

日本人称辣椒为"唐辛子"，将辣味不那么强烈的菜椒称为"狮子唐"，以一唐字，展示它是自中国东渡而来。当然，辣椒也并非中国原产，它原生南美洲，不知自哪个国家又是经哪一条陆道水路来到了中国。在中国古代，它最常用的名号是"番椒"。以一"番"字，显示它来自异域。

辣椒二字，在古籍中很是少见。倒是在大名鼎鼎的《牡丹亭》中的《冥判》一出的净末对白中出现了"辣椒花"三字。辣椒花开五瓣，小小的一朵白花，低眉俯首，纤弱可怜。实际上，辣椒初来乍到之时，也曾被当作观赏植物，不仅因花朵风致楚楚，也因果实"色红，甚可观"。明人高濂甚至在《草花三品说》中将辣椒名列于"皆栏槛春风共逞四时妆点者"的"中乘妙品"之中。

即便在辣椒或为蔬菜或作调料广泛入馔的今天，也有人喜欢在家中阳台种一盆朝天椒，果实成熟时，椒色橙黄朱赤，簇生朝上，玲珑堪赏。如果是五色朝天椒，则更显绚烂。

椒字，在《诗经》时代，本来是花椒的专有名。后来胡椒、辣椒陆续东来，人们就慷慨地将椒字也分给滋味一样香辛的它们使用。到现代植物学正式命名之际，或者毕竟在诸椒之中它辣味突出，辣椒才正式成为官名。超市售卖往往或按色或按形，青椒、红椒、水果椒、灯笼椒之类的，乱写一通。至于民间，很多地方应都亲昵地称它为"辣子"。

虽然以蜀湘两地最以嗜辣知名，但现今只怕爱辣者已不仅限于川湘滇黔诸省之人。更何况栽培品种多不胜数，除了辣得难分高下的各种辣椒，也有以富含维生素为卖点的菜椒、果椒。如果说，今日中国人，十之八九，都已经成为这种圆锥形果实的味蕾俘虏，或许也并不夸张。

辣椒

Capsicum annuum

茄科 / 辣椒属

番椒，丛生白花，
子俨似秃笔头，
味辣色红，甚可观，子种。
〔明〕高濂《遵生八笺》（节选）

采采珍蔬不待畦，
中原正味压莼丝。
挑根择叶无虚日，
直到开花如雪时。

〔宋〕陆游《食荠三首·其二》

荠
Capsella bursa-pastoris
十字花科 / 荠属

早春二月，冬已然渐老，春尚未长成，荒野依旧枯寂，在长江流域沃腴的田野上，唯有麦田一地青青，菜园绿意点点。可是，如果去到麦地、菜园或田野细细翻寻，就会发现，还有一种以荠为名的肥美植物，正潜藏于大地的每个角落，寒荠犯蔬畦，侵田占圃，在冻土未融的天地间，正芽青叶润，年华方好。

春寒料峭的二月是荠菜茎叶最为肥润鲜嫩的时节，最宜时绕麦田求野荠，将那一茎茎或椭圆长形或生着优美细裂宛如青羽的叶片，挑回家清水洗净，再使之变身为馅料，煮出一盘春意满满的可口美餐。

荠菜来得早，也易老。当万物发出新叶，泛青转绿，早春雪野麦田的那些肥美野荠，在三月的暖风缓起、春雨浸润之下，旋即茎长叶瘦不堪食用，开出一茎摇曳春风的细碎小白花。等到阴历三月三，按上巳节古风户外踏青的人们会发现，新荠虽有，老荠更多。有荠菜煮鸡蛋之食俗的鄂地人民，若不肯耐心寻找，挖回来的往往都是白花似雪的老荠菜了。

谁谓荼苦，其甘如荠。作为古老的资深野蔬，滋味清新的荠菜自古就是早春入馔的上佳食材。春来荠美，常上文人餐桌，常入诗客句篇："绿叶离离荠可烹"，"烂蒸香荠白鱼肥"。由古至今，吃一口荠菜，就宛如吃下了整个春天。

荠菜花虽细碎，群开却也动人，如白雪漫山，在绿野里很是抢眼，不然也不会频频引得诗人注目：荠菜花繁蝴蝶乱，春在溪头荠菜花，与荠花相关联的美好句子比比皆是。等到花落果成，遍野都是荠菜向天空、向大地、向暖风细雨比出的绿色心意。西方人将它那玲珑可爱的心形小果唤为牧羊人的钱包（shepherd's purse），未免有失浪漫。

紫茄纷烂漫

茄有古名为"落苏"，既别致又古雅，可惜今日不传。听闻江南一带，至今仍有以落苏之音称呼茄子的，算是古风犹存。落苏虽然别致，但略觉莫名其妙，古人解释原为酪酥，因味如酪酥。茄味虽佳，但怎么想象都和酪酥之味很有差距，与其说味如酪酥，不如说茄肉尚嫩之时，雪白莹然有如酪酥。

湖北鄂中一带，民间常将茄子称为茄瓜。据说茄之所以有瓜名，是源自隋炀帝。某一天这个知名昏君不知是心情好还是差，就将胡瓜改成了白路黄瓜，把茄子称作昆仑紫瓜。这俩名字倒是很有隋唐英雄们的江湖绰号风范。

东北有名菜地三鲜，将青椒土豆茄子共烩成一盘，虽是素菜却很清爽下饭。这盘菜，在植物学家眼里，估计鲜不鲜且不管，看来看去都是茄科植物。说起来三鲜均是异乡客，茄子原产印度，汉朝传入中国，青椒、土豆原产南美洲，移民中华较晚，明朝才传入。

另一个为食家津津乐道的菜式是王熙凤口中的茄鲞。好事者索隐考证之余，还要将做法付诸实践。也不是没有人实验成功，但味道怎样，就不知道了。毕竟确如刘姥姥所感叹，这道菜即便美味无比，太过耗材料费工夫，殊难推广，更难上寻常百姓餐桌。古代普通人家的茄子食谱可参见明代书籍《遵生八笺》，书中列举了七八种做法，或蒸或糟或腌或凉拌，或晒制成茄干，无论是鲜食还是腌渍储藏，都是民间餐饮智慧。

东北地区民风豪爽，茄子也常用来生吃。不过，茄子性凉且略带小毒，生吃或许并不宜。对很多人来说，这种常见的夏秋蔬菜，还是带着锅镬烟火气，佐以葱姜蒜，浓油重酱，才最为可口。

青紫皮肤类宰官，光圆头脑作僧看。

如何缁俗偏同嗜，入口元来总一般。

〔宋〕郑清之《茄子》

茄

Solanum melongena

茄科 / 茄属

41

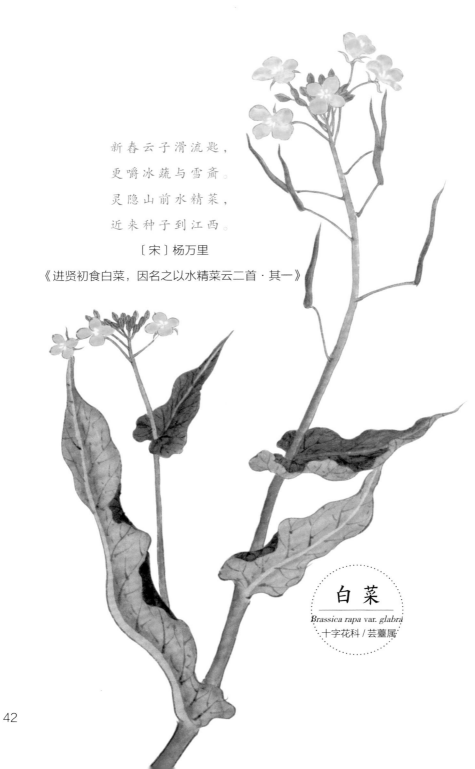

新春云子滑流匙，

更嚼冰蔬与雪斋。

灵隐山前水精菜，

近来种子到江西。

〔宋〕杨万里

《进贤初食白菜，因名之以水精菜云二首·其一》

白菜

Brassica rapa var. *glabra*

十字花科 / 芸薹属

春初早韭，秋末晚菘。菘字，是白菜的古称。其实人工栽培既久，白菜品种很多，今人未必能完全分得清，古人亦然。故而，菘字，在古人的词典里，往往泛指所有的白菜类甚至十字花科的蔬菜，秋菘、晚菘、白菘之名皆有，连萝卜的别名，也叫温菘或紫花菘。在粤地，人们仍习惯将买菜说成买菘。

菘，乃草中之松。以菘为名，是因白菜如同松树一般，凛寒冰，积雪层，凌冬不凋。三九寒天，冻得大地一片凛冽时，地里的大白菜反而越冻越清甜。初冬时节，在夜间气温骤降、滴水成冰的清晨，去探望尚未将自己闭成青白一束、依旧绿叶舒展的大白菜，就会发现翡翠叶片穿上了透明冰甲，将其剥下来，便是叶脉宛然在目的大自然精工冰雕，令乡间孩童惊叹连连，爱不释手地把玩许久。

冬野寂寞，菜圃之中，最多的是十字花科的白菜、萝卜。在自给自足的农耕时代里，它俩往往担任了田家餐桌上的双主演，豆腐偶尔加入，成为最佳配角。纵使有人挑嘴，但总不至于白菜、萝卜两个都不爱，更何况它们都可素可荤，能鲜食宜腌制。清炒白菜不爱吃，酸溜，辣腌，伴着腊肉，和着虾米，总有一道，会俘获人类习钻的胃。

客居北京多年的齐白石画过许多幅大白菜，单绘则常题"清白传家"，与柿子苹果同幅则写"世世清平"，还曾在画上赞誉白菜为"蔬之王"。

有逸闻说齐白石曾向卖菜人提出以一幅假白菜换一车真白菜，惨遭拒绝。或许，对于为了生活在大街小巷推着白菜劳碌奔走的卖菜人来说，那一车肥嫩青白的大白菜，才是再妙的丹青圣手也画不出的现实人生。

白菜寒可掬

在漫长的人类蔬食史中，菊苣以往并不属于华夏餐桌的常客。它与常被中国古人当作救荒野菜的苦苣菜长得略为相像，但直到近年，菊苣才开始出现在中国超市的蔬菜货架上，并在餐厅中以蔬菜沙拉组合成员的形式现身。

西方人食用菊苣已久，可供呈上餐桌的菊苣品种自是不少，有茎叶宛如苦苣菜的栽培菊苣，也有阔叶包裹宛如大白菜的多叶菊苣。

至于中文名为菊苣的 *Cichorium intybus*，西方人往往刻意让其生长在地下或暗室中，或用蓝纸包裹嫩茎避光以禁止叶片变绿，然后取食仿若白菜嫩心的奶白色微带黄绿的新茎。所以，在不同的城市、不同的货架上，同一个菊苣名字，不同的蔬菜模样，搅得刚开始接触菊苣这种洋食材的中国人一头雾水。

原生菊苣带苦味，coffeeweed 是菊苣的英文名之一。它比茎叶更为苦涩的根茎，在物资短缺的二战期间，曾被西方人烘烤磨碎，如同蒲公英根一般，作为咖啡的替代品。

菊苣现身中国餐桌既晚，且目前可参考的烹饪手法似乎只有西餐菜式，自然而然，人们会误解它是近些年才引入中国的新生植物。实际上，菊苣虽算不上中国原生，也归化已久。

在人们视野所不及的山林、平野、田地间，常常能发现在夏季暖风艳阳之下，花朵开得如同青空般明净的逸生野菊苣。菊科植物花朵往往雷同，人类经常傻傻分不清，为之头大。在菊苣身上却可能并无此忧，因为它有着与众不同的淡青蓝色花朵，朝开夜合，宛如蔚蓝色的夏日天空一般明朗，全无半点苦涩。

菊苣
Cichorium intybus
菊科 / 菊苣属

帕拉切尔苏斯说，
菊苣将在所有世纪都生气勃勃，
传说在这些诗歌中容易实现，
也许它们会以更高的生命形态
在人们的心灵中觉醒。

[奥地利]里尔克《菊苣·前言》（节选）

45

萝卜久煨香

历寒而生的蔬果往往味美清甜，菜有萝卜、白菜，果有冬花而初夏果熟的枇杷。萝卜品种众多，皮色青红白紫皆有，即便是鲜少生食的普通白萝卜，生食也微辣之中更带甘甜。更不要说一些以生食而闻名的品种，如青皮红心名闻遐迩的心里美萝卜。

长江流域一带，农家秋播冬收，以红皮白心的红萝卜居多，偶尔也会种愣头愣脑的青萝卜。但一如农家常植的鸡卵大小的小土豆一般，小圆锥或小圆柱身材的红萝卜常常只在有限区域内圈地为王。经由物流走遍天下，出现在全国人民厨房里的萝卜，多是白皮白心、长二十厘米有余的大个子白萝卜。

白萝卜根茎肥硕，水分充盈，普通个头也有三四斤，无怪乎日本人简单粗暴地唤之为"大根"。一如诗人所颂，白萝卜津润擢玉本，色莹白而味甘美，鲜食固然荤素皆宜吃法很多，但它不耐久藏，久则失水糠心，故而中国人民腌萝卜的手法更是可圈可点，南北东西不同地区各有独门秘法。日本舞台设计家妹尾河童曾遍访日本腌萝卜，写下一本旅行美食随笔《边走边啃腌萝卜》。如果中国人也这么写，只怕一本书根本装不下、写不完。

地里种几行萝卜，不仅地下"莱菔似羔肥"（莱菔是萝卜的别称），宜于入馔，地面上"纷敷剪翠丛"的羽裂绿叶，同样"青叶更堪齑"。节俭农人往往务求物尽其用，将萝卜缨滚水烫过，盐渍一两天，就是一盘苍绿而爽脆的浅渍腌菜。萝卜叶登上饭桌，与或煨或煮或炖或炒后甘香满口的萝卜同席，再佐以酸辣开胃的酱萝卜皮、泡萝卜块、腌萝卜干，一物多吃，是中国人对馈赠给人类食物的植物奉上的最大敬意。

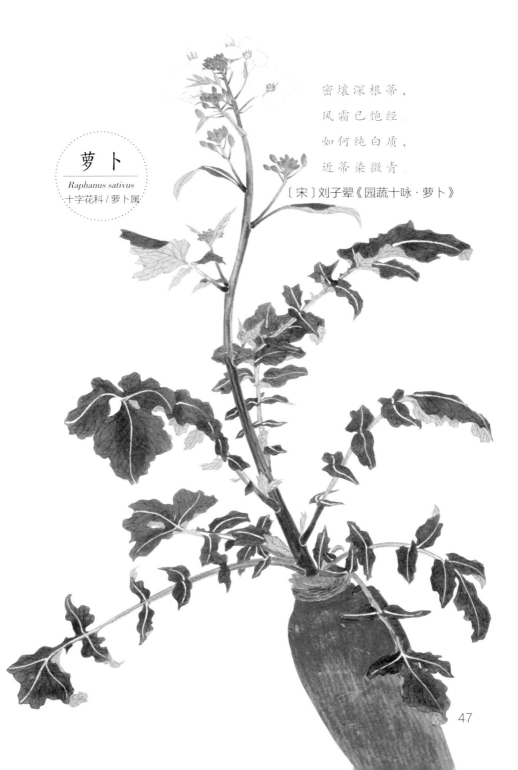

萝卜

Raphanus sativus

十字花科 / 萝卜属

密壤深根蒂，

风霜已饱经

如何纯白质，

近蒂染微青

〔宋〕刘子翚《园蔬十咏·萝卜》

47

流水小桥江路景，
疏篱矮屋野人家。
田园空阔无桃李，
一段春光属菜花。
〔宋〕黄庚《田家》

芸薹
Brassica rapa var. oleifera
十字花科 / 芸薹属

书面化的"芸薹"二字，来到民间，就成了三月末四月初田野之上铺金灿彩的油菜花。老农们对它司空见惯，不以为奇，见到城里人千里迢迢来乡下看油菜花，村头闲聊时唯感叹城里人钱多人傻很会玩而已。

这种观点上的误差，究其底里，不外乎二：一则熟悉的地方没有风景，二则得不到的都是最好的。对在浮华喧嚣中耗尽精气神的都市人来说，旅游一事，不管去到哪里，都是给自己一次转换频道的机会。是以，春野之上，散发着灼人辣香、黄花夺目的油菜花田，才会令疲累的人们趋之若鹜。也许，看一下绿野黄花，呼吸一下清新芬芳的乡间气息，身心也会得到天地之气的抚慰与疗愈。

对老农而言，油菜花开满地金，并不是为了欣赏与拍照，芸薹首先是油，其次是菜。在鄂中农村，年夜饭往往会有一道粉蒸肉菜，肉是肥瘦分明的大块五花肉，菜一般为茼蒿，但家中或会有人吃不惯茼蒿的异香，为求皆大欢喜，真正的上选往往是众口皆宜、雪盖霜冻后的青嫩油菜。

然后，正月过，春风来，田野绿，油菜花开压垄黄，一场蝶舞蜂绕的花事过后，黄花凋零萎地，绿英如角缀枝。等到夏风暖吹，新收的菜籽送入油坊，就熏得乡村一片浓香。

种一二亩油菜，榨成菜籽油，往往足够农家一年消耗。这种菜籽油炒菜时天然浓香，与几无香味的市售瓶装油有天壤之别。近些年来，农家人口外流，食用油需求减少，兼之留守老人心有余而力不足，每年播种油菜的人家渐已不多，往往隔两三年才播种一次。从前三四月里最常见的平野菜花春，渐变成一地田泥褐。也许，有一日，连农家出身的人也需要买一张票，前去围观那一片专属菜花的灿烂田野。

芦笋锥犹短

春风荻渚暗潮平，紫绿尖新嫩苗生。
带水掐来随手脆，棹船归去满篝轻。
竹根稚子难专美，涧底香芹可配羹。
风味只应渔舍占，玉盘空厌五侯鲭。

〔宋〕武衍《芦笋》

许多人都只见过石刁柏年幼时的容颜，甚至可能只见到过它不见天日无法转绿时的白嫩模样。可是，如果人类停止人为约束，放任石刁柏生长，它会沐着阳光、迎着春风直立向上，长到一米左右，然后张开丝丝缕缕的纤细扁圆柱形叶片，随风招展，婀娜舞动，舞出碧条垂绿的翠线芊芊。

石刁柏花小，花色黄绿，点缀于仿若文竹叶片的枝叶间，毫不抢眼。可是，若花凋子结，绿色线叶中那一点又一点的朱赤色珠形浆果，鲜艳夺目，红绿掩映，不但不俗，反而令人相看两不厌。

然而，即便石刁柏果期有着不逊色于同属植物文竹的美丽，但对绝大多数人来说，根本就不曾有缘得见石刁柏开花结果的样子。它最令人熟悉的模样，是以或白或绿或青中带紫的颜色，以一根小指头粗细的嫩茎形状，躺在超市的蔬菜货架上。那时候，它的名字叫芦笋。

中国古诗文里常有"芦笋"一词出没，但恐怕彼芦笋非此芦笋。《农政全书》有芦笋考，说"其苗名蒹"。其他文献中也有"芦笋，即芦之始生者"的句子，或"蒲笋芦笋皆佳味"，将香蒲初生嫩茎与芦笋同列。是以，古之芦笋，大有可能是指喜湿地水生的芦苇的新茎芽，故在宋人武衍的诗里"带水掐来随手脆"的芦笋，并非今日能于陆地蓬勃生长的价昂珍蔬石刁柏。

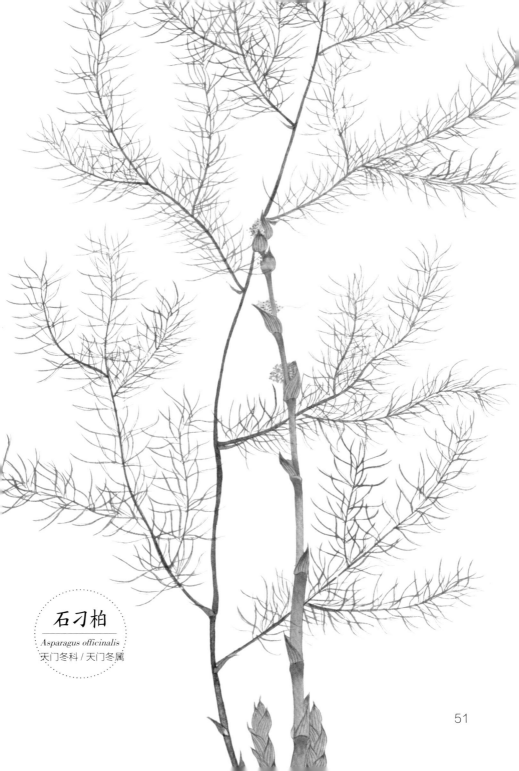

石刁柏

Asparagus officinalis

天门冬科 / 天门冬属

51

　　恶实与鼠粘，是牛蒡的别名。以恶为名，其实只是因为果壳如板栗果实一般遍生软刺，成熟之后可以随时粘在衣裳上，来一场说走就走的旅行，人类嫌恶之，故给它起了不好听的名字。古诗写牛蒡"叶齐罗翠扇"，实在非常形象，它大叶舒展，长近一尺，宽二十厘米有余，确乎类似罗扇。夏日，如大蓟一般开着花丝纤弱的淡紫红头状花，秋来，则被人类收果实掘根茎以供药用。

　　历史上某些时段，牛蒡应也是中国人日常食用的寻常蔬菜，且根叶齐用。宋人有句：屋角尽悬牛蒡菜，篱根多发马兰花。南宋林洪的《山家清供》里甚至还有十分详尽的牛蒡烹饪之法："牛蒡脯，孟冬采根去皮，净洗煮槌匾，压以盐酱、茴萝、姜椒、熟油诸料研细。火焙干食之，如肉脯之味。"可是，宋代之后，去古人的记载中翻寻牛蒡的名字，就会发现它已更换职业，不再入炒锅上餐桌，而是成了药方里的一味药。

牛 蒡

Arctium lappa

菊科 / 牛蒡属

牛蒡作为一款小众蔬菜，大多数人也许不熟悉它的吃法。其实，根茎入馔的牛蒡，形状宛如山药，食法也完全可以参考山药，蒸煮炖炒或凉拌皆可。又或者，参考一下林洪的菜谱，做一盘复古的宋朝牛蒡脯，应该也是饶有趣味的厨房试验。

只是，牛蒡远离多姿多彩的中国饮食江湖已久。今日的追随者大概仅有一些见多食广的吃家而已，许多人是在他国风味的餐饮中对牛蒡食髓知味，一尝钟情，才会热情地带它回家，查食谱，佐作料，出锅上桌，以满足口腹的期待。这一回，牛蒡若要再次实现职业切换，重回寻常人家的餐桌，只怕尚需一段漫长的修行。

我取友兮得牛蒡，稠丛捷鼠走不上。

深山谁伏又谁牵，唇粗舌皱膝头壮。

实虽恶，食不恶，所思兮羹可却，松冈竹墩隔沙泺。

〔宋〕王质《山友续辞·牛蒡》

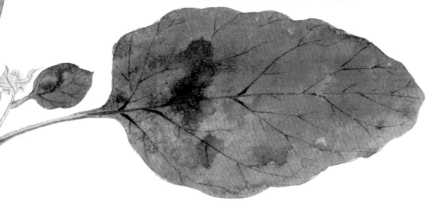

莴苣宜生啖

莴 苣
Lactuca sativa
菊科 / 莴苣属

传人将野苣，雨色尚萋萋。旧圃名春菜，繁根削夏畦。

村盆寒逼瓦，豪箸刺妨犀。子美他时兴，狂歌付滚西。

〔明〕黄衷《莴苣》

在植物栽培方面，人类智慧的主要表现形式，是为植物制造多重分身，一生二，二生三，翻出多种花样。你以为你所见到的植物各有姓名，谁知追根溯源，搞不好它们本是同根生，甚至不能算是同胞兄弟，而是被人类实施了整容手术的同一个体。

拉丁学名 *Lactuca sativa* 的莴苣，在中国菜市场常见四种它的栽培变种：莴笋、生菜、卷心莴苣、油麦菜。它们应不同的烹饪习惯与口感需求，一任中国人炖炒凉拌。同为食叶莴苣，后三者各擅胜场：生菜虽生熟皆宜，但一如其名，生吃尤佳；卷心莴苣最宜做沙拉，脆嫩清甜；而犹带原生莴苣清苦滋味的油麦菜，植株耐寒热，四季常有，在喜熟食的人群中也很有人缘。

中国人食用莴苣已久。自宋以降，《山家清供》《遵生八笺》等书都有简单易行的莴苣菜谱。莴笋去皮之后青嫩剔透，宛如碧玉，古人甚至美其菜肴名曰"琅玕脯"。虽然中国人偏爱熟食，但对于莴苣，则认为"脆可生食，亦可蒸为茹"，连"生菜"之名，也古已有之。

古名又为春菜的莴笋，在宜其生长的区域，户外常可一年两播，于初冬早春上市。初春三四月，白菜、萝卜已老，开出或黄或白或淡粉紫的十字形小花，莴苣却快速长大，成为春餐佳蔬，一如古诗所言："晚菘已芜没，早韭就茅靡。菁菁何所有，莴苣独牛耳。"

只是，春气催动，莴苣旋即转老，若不尽快采食，这种菊科植物也会茎老中空，顶端开出细瓣色金、宛似金盏的花朵。农家往往留取两三株任其开花结果，以便取种，然后，来年春天，又是一畦莴苣苗肥绿似秧。秋播种下莴苣却"两旬不甲坼"的杜甫先生，若见之只怕会像孔子一样认识到"吾不如老圃"。

新秋绿芋肥

某年某月某日，宋朝人苏过做了一锅菜，奉请他的大作家父亲苏轼品尝。写过《猪肉颂》，留下了千古名菜的苏东坡，一尝之下赞不绝口，认为"色香味皆奇绝天"。瞧，大作家用词就是这样语不惊人死不休。这一道名为玉糁羹的菜，被东坡形诸文字，描述为"香似龙涎仍酽白，味如牛乳更全清"，其实它的正体真身，就是芋头羹。

虽然苏过的烹调手法已然不明，但小小的芋头只要简单操作，就能色香味俱绝。湘菜里的那一道剁椒蒸芋头，红白相间，粉糯香滑，滋佳味美。厨艺再怎么欠佳的人，只要肯花工夫替芋头脱掉褐衣露出雪肌，就可以得享一道滑腻可口的蒸芋头。

收芋头的时候，正是秋收农忙之时，从前农家常将芋头在锅中略加翻炒调和味道后，装进被灶灰熏得黧黑的瓦罐中，送入灶膛。等到锅中饭熟，灶膛内的芋头也已香气满溢，可用两齿木叉将瓦罐取出。都说山芋煨尤香，倒入碗中的那软糯到入口即化的柴火瓦罐煨芋头，是多少人再也难以重温的旧梦。

喜湿的芋，在常年湿润的水田里长势更佳，是以也有水芋之称。若将它置于菜园犄角的旱地，它也会毫不抱怨地于秋天馈赠给人们一地芋头，虽然产量较水植可能略差，却依旧能收得芋头满篮归。冬日里一家人围炉暖坐，往火炉炭灰中扔几个芋头，慢火缓烤，逼出天然芋香，熟透后剥掉外皮，那富含淀粉质的雪白芋肉，是不下于烤红薯的温香暖玉。红泥小火炉，与之相宜的岂止绿蚁新醅酒，也有雪糁软香芋。

芋

Colocasia esculenta
天南星科 / 芋属

谢三郎女改蓑衣，褵缕中藏玉雪肌。

柱上莫愁无乳媪，秋风得此可忘饥。

〔宋〕洪咨夔《俞成大送新芋》

燕尾茨菰箭

汪曾祺在文章里写道，他曾去老师沈从文家中吃到了师母做的慈姑炒肉片，沈先生说："这个好，格比土豆高。"沈从文凡事讲一个"格"字，慈姑、土豆也不例外，对他而言，或许是因为慈姑少见，所以味道不俗。

慈姑常见于我国长江以南地区。它的叶片为箭形，明代诗人徐渭写道，"燕尾茨菰箭，柳叶梨花枪"，句中的"茨菰"即慈姑。慈姑花开夏季，多为白色，明人杨士奇曾这样描述慈姑的花："岸蓼疏红水荇青，茨菰花白小如萍。"

茨菰之茨乃蒺藜，菰乃茭白，或许，古人觉得慈姑叶如燕尾又似箭头，与生有果刺的蒺藜神似，而又如茭白般水生于池，故以此名之。然而今人却选择了看起来就不适合食用的"慈姑"二字作为植物的中文名，个中情由可见诸《本草纲目》："慈姑，一根岁生十二子，如慈姑之乳诸子。"李时珍认为球茎的分生之状，就像人间的慈姑哺育诸子，写作"茨菰"并不妥帖。

儿时曾在亲戚家吃过一次慈姑，入口微麻带涩，浅尝辄止，再也不愿意下箸。成年之后，试图用成年人的视角去做一次味觉的重新测试或纠偏，却未有机会再尝慈姑。

幼年时慈姑在华中故乡已不是家常蔬菜，一个村子偶尔会有一户种上一次。如今，它已然绝迹于故乡菜圃。上一次见到慈姑，还是在公路旁的水田中，逸生于稻田里的一株，众禾秧针纷披如罗带，独它青叶亭亭宛似箭镞，一茎碧梗缀着数点白花，小花三枚雪瓣托着一点淡金花蕊，清新淡雅，风姿绰约。

不过，或许只是故乡人不擅长处理慈姑。在江南，慈姑与茭白、莲藕、水芹、芡实、荸荠、莼菜、菱一起并称"水八仙"。慈姑烧肉是一道名菜，据说肉中的油脂与慈姑相遇，中和了后者的苦和麻。真想一试那浸入了肉味且粉糯酥嫩的慈姑！

忽讶秋风玉，由来冰雪姿。

孤光明绿苇，独秀出污池。

宠谢华堂剪，闲依野钓丝。

清芬烟水外，不受一尘欺。

〔明〕赵完璧《茨菰花》

华夏慈姑

Sagittaria trifolia subsp. *leucopetala*

泽泻科 / 慈姑属

十九年间胆厌尝，盘羞野菜当含香。

春风又长新芽甲，好撷青青荐越王。

〔宋〕王十朋《咏蕺》

蕺 菜

Houttuynia cordata

三白草科 / 蕺菜属

堪称西南奇菜的蕺菜，伴随着物流的通畅，餐饮业的兴盛，应该已不仅在西南称王称霸，而是不断开疆拓土，提升它在全中国的味蕾覆盖率。说蕺菜可能有些耳生，但你大概率听说过鱼腥草、折耳根。

长江流域诸省的阴湿野地几乎均有蕺菜，紫红茎、心形叶、初夏花开，雪白的四枚苞片围着一条淡黄花柱，十字小花倒是有一种清爽的美。蕺菜也有彩叶或重瓣花品种，应是不嫌弃它植株特殊香气的好事园艺家，特意培育的观赏品种。

一盘凉拌蕺菜根茎端上盘，喜食者眉开眼笑，厌憎者恨不能落荒而逃，别说口尝，连鼻息也不肯接纳。口味这种事情，因人而异，还真是勉强不来。只是世间蔬果，未知滋味前还是先不要自我设限，以免因偏见而遗珠。

古时物资匮乏，食用鱼腥草也并非西南专利，"山南江左人好生食之"，不仅西南，江南地区居民也是爱吃的，而且流行生食，估计操作应和今天的凉拌折耳根差不多。吃蕺菜最出名的江南人是越王勾践，书里说他为求发奋图强百般自虐，不仅卧薪尝胆，还冬寒抱冰夏热握火。至于吃什么，"采蕺于山"。王十朋的《咏蕺》，所说的正是这一典故。

然而勾践与蕺菜的故事并没有完。《吴越春秋》上记载，勾践之所以能从吴国脱身，是因亲尝夫差粪便以示诚意，结果"遂病口臭"，点子多的范蠡就"令左右食岑草以乱其气"。

岑草，即蕺菜，只要人人都口臭，越王也就不觉尴尬了。

吃过蕺菜以后，当真气息也会化为一尾鱼，散发出鱼腥气吗？答案，请自行实践获取。

蕺菜柔堪饷

茼 蒿

Glebionis coronaria

菊科 / 茼蒿属

　　为母亲所钟爱的茼蒿，在晚冬初春的餐桌上时常现身，幼年的自己却完全不能接受，总是坐在离那一盘碧绿青蔬最远的位置。这种童年造就的味觉误解与偏见，要在成年后于某菜馆的一盘茼蒿糊糊上才得到修正：原来，茼蒿的香气竟不是怪味，而是清芬宜人。

　　芹菜、茼蒿、芫荽等体有异香的菜，对孩童的五感来说可能太过炽烈，一般都会遭到嫌弃。只不过，一些孩童年长之后接纳了它们，而一些人终生都需要在点餐时不断声明：不要香菜，不要芹菜，甚至，不要葱。

　　或许，最懂得吃茼蒿的古人叫屈大均，这位生活于明末清初的广东番禺人士，对茼蒿情有独钟，写下四百字的长诗来赞美茼蒿，说起茼蒿吃法头头是道："生啖芬花烈，蒸茹翠甲柔。濡宜红芥酱，靃贵白茶油。酿雉全胜蓼，羹鱼绝似蒌。"

莫论园蔬品目卑，花开不减菊幽奇。
灿然金色仍堪采，春老恰如秋老时。

〔宋〕史铸《春菊》

今日食在广府一说名扬天下，看一看屈大
均的茼蒿诗，就能明白美食基因恐怕由来
有自。

　　不知道是不是传承了对茼蒿的热爱，
粤地居民爱将茼蒿誉称为皇帝菜。茼蒿英
文名之一为 crown daisy，是指它黄白色的雏
菊般花朵宛如皇冠。或许，生造出皇帝菜
之名的人，是从这个英文名获得了灵感。

　　身为菊科植物的茼蒿，也曾被宋人史
铸列入《百菊集谱》，"春菊，蒿菜花是也"。
故而，春菊也是茼蒿的别名。秋初播种冬
春采食的茼蒿，到得暮春，不再以嫩叶姿
态覆地矮生，在春风催促下，起薹长高到
两尺有余，灿然开出一畦或白或黄或白中
沁黄的单瓣菊花模样的花朵，金彩鲜明，
风神不减于菊。

　　"差比菊英，宁同萧艾。味荐盘中，
香生物外。"清人成鹫这十六个字，虽然
字数寥寥，也算是言简意赅地用文字为茼
蒿画了一幅形神兼具的写生小像。

茼蒿绽春菊

采葵持作羹

在南国都市的天台，正月时节，几个粗糙的泡沫箱里，除了肥润青韭、鹅黄生菜外，另有几株陌生的植物，圆心形大叶，阔大如掌，掌纹清晰可见。瞅了又瞅，疑心它就是汪曾祺笔下的葵——冬苋菜。翻书查网，再利用识图软件，终于将猜测变成了确证，那几茎紫梗碧叶在并不寒冷的冬日阳光下舒展翻飞，它无疑正是冬葵的一种。

在写于1984年的散文里，汪曾祺说他曾在武汉见过被当地人称为冬苋菜的葵。或许，对他而言，这种在北方久觅不得的古老蔬菜，此番相遇，有久别重逢之感。然而，汪老所见所食的冬苋菜，也许只是葵在湖北区域的小范围旅行。因为，现今许多曾经或依旧在湖北生活的人，无论农村还是都市，都不曾见过或吃过葵。

在先秦诗歌里被一唱三叹反复吟咏的葵，早就式微。为了填饱肚子，为了追求口感，人类在植物驯化的道路上穷尽智慧。

昔日青青园中葵，注定要在与众蔬竞秀的绿色战役中落败，由遍及华夏，沦落为少数地区餐桌上古风犹存的点缀。风头甚至还比不上北方人称木耳菜、湖北人称汤菜、广东人称潺菜的落葵（*Basella alba*）。在今日的植物学命名里，旧时被誉为百菜之王的葵，已成自生自灭的田间野草，名为野葵（*Malva verticillata*），那些仍为人类播种食用的栽培品种，则作为野葵的变种，名曰冬葵（*Malva verticillata* var. *crispa*）。

难道"凡事都有定期，天下万物都有定时"，属于葵的时代早已过去，昔时的"野酌劝芳酒，园蔬烹露葵"都已成为浮华往事了吗？却也未必，年年寂野之上，摆脱人类束缚而自由生长的野葵，何尝不正按其时独享着属于它的自在花开？

野葵

Malva verticillata

锦葵科 / 锦葵属

积雨空林烟火迟，蒸藜炊黍饷东菑。
漠漠水田飞白鹭，阴阴夏木啭黄鹂。
山中习静观朝槿，松下清斋折露葵。
野老与人争席罢，海鸥何事更相疑。

〔唐〕王维《积雨辋川庄作》

旱芹

Apium graveolens

伞形科 / 芹属

旱芹生平地，

有赤白二种。

二月生苗，

其叶对节而生，

似芎䓖。

其茎有节棱而中空，

其气芬芳。

〔明〕李时珍《本草纲目》（节选）

菜市常见蔬菜，名为芹菜的，多为旱芹。一样以芹入名的，还有水芹，它与旱芹同科异属，自成一派。水芹是中国人餐桌上的春光乍现，"水芹寒不食，山杏雨应开"，一年一度，应时而来，倏忽而去，召唤着人们因时而食，及时品味这份由天地共同制造的短暂春食。

相形之下，旱芹没有这么刁钻，人工栽培得当，现今几乎全国上下全年均有供应。而昔年生于云梦之泽畔，被誉为美芹的水芹，渐成野蔬，纵是春天，寻常菜市亦难得一见。身形较水芹更为苗壮的旱芹，虽少了那一份野气，但芬芳气息并未稍减。除非对水芹拥有执念，其实无论是佐肉食还是配鱼鲜，旱芹与水芹色香味上堪称平分秋色。满目山河空念远，与其对水芹念念不忘，不如怜取眼前芹，刹煮炖煎炒，努力加餐饭。

一把旱芹买回来，许多人弃叶不用，仅将摘净芹叶的芹茎切成段，与肉丝豆干同炒，芹黄豆干白肉赤，三色相间，鲜香逼人。节俭惯了的老人家和嗜吃芹叶的人，却总是舍不得将叶片抛弃，细细切碎，以之与蛋液为伴，炒一盘芹菜鸡蛋，绿里灿金，未尝不是一盘诱人的芹菜系佳肴。

在日本，旱芹被称为"清正人参"，名出有因。1592年，日本战国时代的名人加藤清正率兵入侵朝鲜，作为战胜者，自然对朝鲜国百般勒索，据说旱芹种子是被朝鲜人谎称为人参种子献出，才经加藤之手进入日本。此说大概和许多传说一般，真真假假，虚中有实。由侵朝战争而东渡入日本或是事实，被骗作人参未必是真。因为人参二字，在日本是胡萝卜的名字，胡萝卜的别名之一是"芹人参"，此芹指水芹。芹菜与胡萝卜枝叶略似，名称上面互相混用也属正常。

金笋胡萝卜

既以胡入名，胡萝卜自然并非中国原产。有人认为它于元代入境，也有人表示存疑，将历史朝前推到张骞西域之行那里。不管从何时自何处来，胡萝卜已是中国人喜食乐吃的日常蔬菜，用那一条亮眼的赤橙浅黄，与雪白透明的白萝卜一较高下。

清帝乾隆说胡萝卜"可蔬亦可果，宜脆复宜干"，句子虽通俗，倒也很贴切——胡萝卜口味甘甜，生熟都可吃。与能制成各式腌菜的萝卜相比，胡萝卜更宜浅渍。如果将两种萝卜同切成小块，略加盐腌半小时，沥掉盐水后装入玻璃瓶中，倒入白醋，添加白糖，再切几颗辣力十足的朝天椒增味，密封一两日后取食，红橙白三色掩映，水嫩爽脆，甜辣可口，佐粥上佳。

中国人爱说萝卜赛人参，日本人则将胡萝卜称为"人参"。其实，萝卜属于十字花科，胡萝卜属于伞形科，与五加科的人参一点关系也没有。被无穷夸大神化的人参再好，也不能天天见。还是亲和力一流的萝卜和胡萝卜，以它们脆润多肉的圆柱形或圆锥形根茎，隔三差五作为盘中餐滋养着人类的肉身。如果"人参"二字代表着赞美，那么，它们当之无愧。

胡萝卜被植物学家认证为野胡萝卜的变种。长江流域的原野中往往遍生野胡萝卜，羽状全裂细叶，夏日开出碗盘大的复伞形花序，细碎白花聚集，很是招蜂引蝶。

花大抢眼的野胡萝卜在英语世界里不仅是 wild carrot，更因为白色花序中间往往有一朵是淡红色，宛如女工被针刺伤而染红了一小片白色蕾丝，从而被称为 Queen Anne's lace，和皇室攀上了关系。胡萝卜的花朵会不会也和野胡萝卜一样，有着中心一点红呢？若有缘得见，一定要仔细相看。

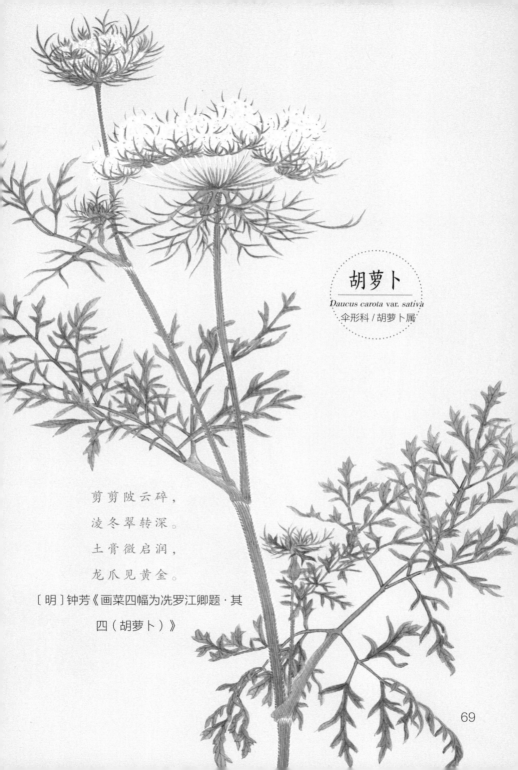

胡萝卜

Daucus carota var. sativa

伞形科 / 胡萝卜属

剪剪陂云碎，

凌冬翠转深。

土膏微启润，

龙爪见黄金。

〔明〕钟芳《画菜四幅为冼罗江卿题·其
四（胡萝卜）》

幽人本无肉食原，岸草溪毛躬自荐。

并堤有芹秀晚春，采掇归来待朝膳。

〔宋〕朱翌《芹》

水 芹

Oenanthe javanica

伞形科 / 水芹属

"菜之美者，云梦之芹"，古云梦泽所在的长江流域，三月初，气温日高，几场春雨后尚未翻耕的水田渐转湿润。在背阴的田边沟壑，青中带紫的水芹一茎茎冒出来，不是漫成一片，就是长成一线。一根一根青绿的春意，撩动得那些珍爱水芹滋味的人，忍不住掐回一把。

掐回来的水芹，和肉馅包饺子，清香满口。切成段炒腊肉，腊香伴着野香，相得益彰。水芹鲜嫩，较之旱芹，水分更足，若以之炒鲜肉或豆干，如炒得太过，往往汁水渗出，香味转淡。如若不想那份鲜嫩香在掌握不好火候的爆炒中过分流失，则开水略烫，佐以油盐凉拌，可能更适合迷恋水芹香味的食客。

秋收过后，水田干涸无水，泥土保湿全赖天降雨雪，水田间的水芹生存艰难，自然生得清瘦。与茎叶沁着一丝褐紫的田中瘦芹不一样，生长于浅水中的水芹往往肥茎泛白、绿叶青葱，池上采芹摇水碧，青白鲜嫩，外形颜色俱得满分。但大自然深谙平衡之道，采芹人在溪边掐一茎，握在手中，呼吸之间，立即能从掐断处散发的气息得出结论：还是水田瘦芹香气更足。

对于没时间或没耐性在水田里翻寻掐采的人来说，自然是水边湿地那动不动就长成蓬然一窝的水芹更为方便易得。穿一双长筒雨靴下水，有些人甚至懒得手掐，直接用刀就着一排水芹横扫下去，一刀就收获一大把，足够一日之用。

不过，在习惯了高节奏的现代，既然好不容易有机会亲近自然，在寻找春之草的旅途中，又何必追求高效！或许，在难得的浮生半日闲里，在春田里，在浅水间，缓缓掐得半篮水芹，慢慢享受与水芹一年一度的相遇，才是春日里最为奢侈的滋味。

近水芹芽鲜

芫荽香芬烈

　　不知是哪位仇视芫荽的人，发起一项有违草权的物种歧视活动，几年前将 2 月 24 日定为"国际仇恨芫荽日"。每年此日，众人同仇敌忾，共同声讨他们心中的恶魔植物，恨不得它立即物种灭绝。

　　在人类面前，植物从来被动，人若一定要来吃，它们无法拒绝。故而，再怎么讨厌一种植物，不吃它不就够了，何至于赶尽杀绝？芫荽若能说话，肯定会痛声反击："人类！挑食才是一种原罪。"

　　然而，又有科研人士来为挑食者辩解：不喜欢芫荽的人，只是被基因无情摆布，体内有一条与香菜犯冲的嗅觉基因，让某些人眼中的香菜，变成他们难以忍受的臭草。如果此论为真，那么第一个用香菜来称呼芫荽的中国人，无疑幸运地没有拥有这条不幸的基因，否则，香草类植物那么多，如果不是深爱其芬烈，又怎会将这个美丽的名词独独分配给了芫荽？

　　对于以芫荽为香菜的幸运儿来说，芫荽是绝佳的餐食配料。一碗牛肉面，靠它来为视觉嗅觉加分添色。"江上鲜鳞才离水，调姜醋，更下胡荽苣"，煮一锅河鲜，它是起锅前的去腥增鲜的点睛一笔。至于寒冬里的火锅，蘸料碟里的香菜末，为多少经滚水烫过的荤素食材提味生香。同样，炎夏里清淡爽口的凉拌菜，多一撮香菜，味道就丰富了几个层次。拥有钟爱芫荽的身体，是一件何等幸运的事。

　　元代书籍《饮膳正要》说："芫荽勿多食，令人多忘。"这样的饮食禁忌在现代看来缺乏科学依据，不过，人生识字忧患始，如果芫荽真能令人多忘，不如让它把那些不想记得的事都替你驱逐出境。

芫荽
Coriandrum sativum
伞形科 / 芫荽属

芫荽，一名胡荽，香菜也。

叶如碧芸而香。

〔清〕《古今图书集成·松江府物产考》

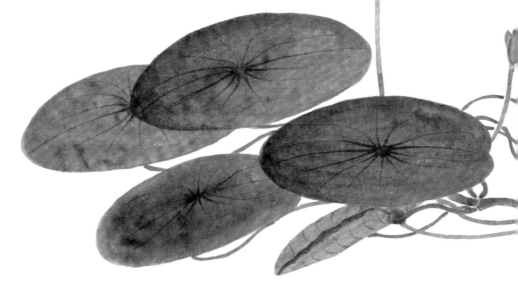

春羹漾紫莼

自从西晋人张翰见秋风而思故乡江南之莼鲈，"三千里兮家未归，恨难得兮仰天悲"，嘴馋到连辞职信都懒得写一封，就急吼吼地"命驾便归"，莼菜就在中国文学里长成了说走就走的归途，长成了悬在舌尖的乡愁。

魏晋以降，数千年来，多少人去到江南，慕名去尝令游子思归的莼菜。一尝之下，不管是口感惊艳，还是不合胃口，谁在乎呢？毕竟吃下的每一口，都是诗，都是文化，都是对魏晋风度、江南风物倾慕已久的渴望。

单属独种的莼菜，广布世界多地，原本在长江中下游诸省均有野生。无奈浮水而生的野生莼菜不堪水域污染，渐至濒危，而今若想要看柔花嫩叶出水新，一池青圆点碧波的莼池风景，恐怕只能去人工种植的莼塘才行。

若要食用，等到莼叶已经在水面摊成椭圆形，就已太迟。雨来莼菜流船滑，采莼人需要在嫩叶犹卷之时及时采撷。那一把滑溜溜两边卷向中心的莼芽，说细如弦或许夸张，但的确宛似条索，又似新摘的顶级龙井芽尖，线条清俊，嫩青中

烟雨中间几白鸥，藕花菱叶小亭幽。

紫莼共煮香涎滑，吐出新诗字字秋。

〔宋〕方岳《羹莼》

带着浅紫，看着就很江南。

没有味道的莼菜，全靠厨师妙手调味，仰赖好汤，才能变成一碗鲜美滑嫩的莼菜羹。江南水乡居民，自是吃熟见惯。其他地域的居民，尚未吃过莼菜的只怕占大多数，偶有吃到，恐怕食材往往来自瓶装的莼菜罐头，煮好入盘，唯见一碗惨绿，那点诗意全幻化为失望。

莼菜罐头这种物什，和冷冻香椿很类似，吃来看去，都是植物被封装在容器里的一缕幽怨，早已丧失了那份活色生香的绿意与生机。对那些有莼鲈之思又不能如魏晋名士般任性而为的江南游子而言，莼菜罐头或许是一份聊胜于无的慰藉。不过，"人生贵得适意尔"，今人偶尔也可以学学古人，放下尘事羁绊，去到江南，一解好奇，一了相思。

莼 菜

Brasenia schreberi

莼菜科 / 莼菜属

瓦盆麦饭伴邻翁，黄菌青蔬放箸空。

一事尚非贫贱分，芼羹僭用大官葱。

〔宋〕陆游《蔬园杂咏·葱》

葱

Allium fistulosum

石蒜科 / 葱属

如今，粉面馆里的葱与芫荽，往往切碎置于柜台，任顾客自行选用。否则，大师傅在灶台前"指点江山"时，还不得不时时暂缓动作，盯一眼点餐单，以免意兴正酣间，一不小心，就误将一把青翠的葱末撒入了要求免葱的碗盘中。

说来奇怪，葱虽亦有异香，但终不似芫荽般气息刺鼻，却依旧有人对之敬谢不敏。可能，接受不了葱的人损失更大，因为那些以葱为主料或配菜的佳肴，例如葱油饼、葱油拌面、葱油鸡之类，都只能徒叹无缘。

不爱葱的人不一定拒绝所有的葱，爱葱的人不一定会接受所有的葱。这话虽然宛如绕口令般拗口，却是事实。只因葱有许多种，粗细短长，豪放婉约，五花八门。有人拒绝粗壮勇猛的山东大葱，却对纤细清瘦的江南小葱钟爱有加。

很多时候，不是味觉本身在拒绝，而是自小养就的饮食习惯在拒绝。在南来北往尚不便利的时代，江南女孩看到山东大汉手持尺长大葱蘸酱，只能啧啧惊叹。即便今日物流通畅，菜市里诸葱皆有，但南方长大的人还是鲜有敢生食大葱者。

汪曾祺盛赞王世襄的焖葱做得好，他妙笔生花，令人读之而口舌生津。其实也不必对书垂涎，如果能买到两三根新鲜质优的大葱，简单切成段，油盐酱煎焖至熟，只要调味得当，不过咸或偏淡，就算没有王老的好厨艺，一样可以享用到大葱的香甜嫩滑。

大葱耐久藏，可单独成为一盘主菜。南方农家惯于种植的小葱则不然，采后易枯腐，且只宜作为菜中增色提香的点缀。可是，作为南方人，关于葱最大的难题，并不是大葱小葱谁更好吃的问题，而是小葱拌豆腐里的小葱，在葱、北葱、火葱、香葱这一大堆葱中，究竟算哪根葱？

行囷看浇葱

穷了一辈子的杜甫，为了招待久别重逢的好友，"夜雨剪春韭，新炊间黄粱"。贫寒人家，拿不出山珍海味，但懂吃的人都知道，那一盘韭菜，在油润春雨的浇灌之下，正是叶宽质厚、肥嫩青葱的好年华。以之待客，虽然简陋，但并不简慢。

杜甫老实，端不出好菜，可能心中尚觉愧疚。若到了民间故事里，那些淘气家伙们，遇到故意刁难的势利恶人，就会毫不客气地利用韭字抖机灵，韭菜炒蛋，九菜加鸡蛋，十菜飨客，难道还不够有诚意？

春韭鲜嫩，炒蛋虽美，却常嫌汁多，也许切碎后和面粉煎饼食用，更为适宜，也更香甜。以韭菜鸡蛋为馅的东北面点韭菜盒子，更是名闻天下。佛有五辛，道有五荤，葱蒜韭均名列其中，被列为禁食之物。对于有些人来说，不食肉荤纯取素食，或许可以做到，不吃葱蒜韭等香喷喷的提味配菜，可能实在办不到，注定入不了佛门、道门。

一年四季常被割来剪去的韭，易种好活，如果说一人植韭，惠及子孙，并非夸张。在冬寒稍缓的长江流域，韭菜完全可以户外过冬。一旦将韭菜播下，只要宿根依旧在畦，它就能在落脚的土地里生生不息，夜雨剪来茸自长，常割常长，年复一年地春肥夏花秋绿冬瘦。

除却泥土之下的根茎，韭可谓被馋嘴的中国人吃干抹净。春韭自不用说，一季三月，割剪不休。既然都道夏韭叶老有碍消化，那就任它抽薹开花，然后，韭花为酱，韭薹炒肉。或许只有冬天，韭菜才能在冷风冻雪里赢得片刻安宁，稍事休养生息。但是，这种短暂的冬眠，并非所有韭菜都能享受得到。还有一些韭菜被圈养在不见天日的地方，无法在阳光之下迎春送秋，只能劳作不息地向人类输送嫩黄匀金的韭黄。

肉食嘲三九，终怜气韵清。
一畦春雨足，翠发剪还生。
〔宋〕刘子翚《园蔬十咏·韭》

韭

Allium tuberosum

石蒜科 / 葱属

那一盘韭菜，在油
润春雨的浇灌之下，
正是叶宽质厚、肥
嫩青葱的好年华。

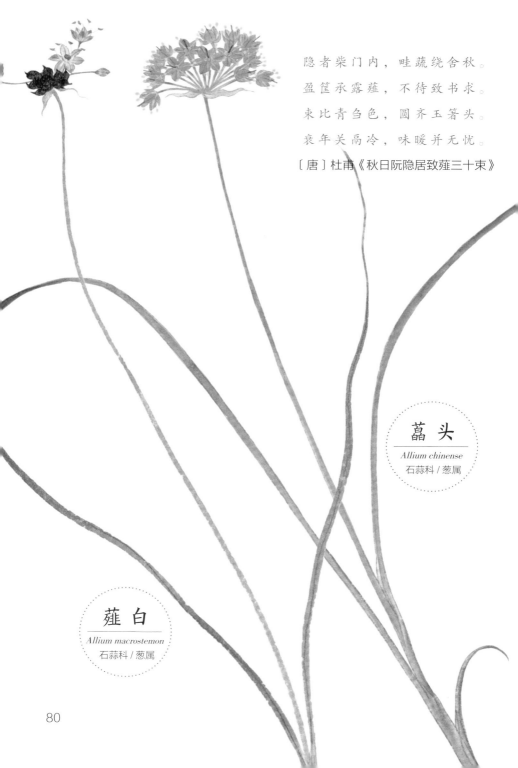

隐者柴门内，畦蔬绕舍秋。
盈筐承露薤，不待致书求。
束比青刍色，圆齐玉箸头。
衰年关膈冷，味暖并无忧。

〔唐〕杜甫《秋日阮隐居致薤三十束》

薤 头
Allium chinense
石蒜科 / 葱属

薤 白
Allium macrostemon
石蒜科 / 葱属

因为一曲汉乐府，薤这种植物从此带上哀凄悲情，"薤上露，何易晞。露晞明朝更复落，人死一去何时归"。薤叶纤长中空，雨露一经沾上，往往无力相承，水滴顺叶滑落，阳光之下，薤叶旋即转干。本是再自然不过的物象，古人以此为挽歌起兴，"薤露"二字，从此成为挽歌悼词里的标配之一。

然而薤露之伤是古文人的事，对于长江一带居民来说，薤与薤白，都很简单，就是一种野菜一种春蔬而已。立春过后，灌木丛里，小麦田中，菜圃边，乡道旁，处处可见野薤身影。它们因地制宜，生于瘠土则纤细无比，长于沃野则肥阔似葱。

对农人而言，这些浓香馥郁的翠叶究竟是古之薤，还是今之薤白或薤头，根本不重要。重要的是把它挑回去，去除杂叶枯茎，清水洗净，细切成碎段，佐以粗磨的大米粉，加水、调料拌匀，讲究的人家还会往里面磕几个鸡蛋。然后，柴火大灶上，大锅放入重油，一锅烙出十数个香气袭人的菜饼，外脆里嫩，焦黄藏绿，全家人大快朵颐，左邻右舍嗅之食指大动。未几，一定会看到邻家有人挎着菜篮、拎着菜铲走向春野，也去寻找野薤的滋味。

陌上这种美味野草，究竟是野生的薤头还是薤白？似乎从未有人试图去弄明白。在它生长的那些省域，人们对它的称呼各个不同，随意之极：野韭菜、野葱、野蒜……这种转瞬抽薹开花老去的美味时蔬，将葱属知名同胞的名字都齐齐享受一遍，却鲜少有人能叫出它文化意味深远的古名。

天生地长的野薤，人们往往采叶食用，除了烙饼还可以炒鸡蛋。而人工栽培的薤头，却是采收鳞茎入馔。作为蔬菜的薤头，色白质柔，以糖醋腌制，酸酸甜甜，开胃除腻，是极好的佐餐小菜。

　　阔叶肥腴的厚皮菜种在田间，往往易被误解成十字花科的某一种，多半会被当作是某种新品种白菜。实际上，算不上常见的厚皮菜，是苋科甜菜属植物，乃甜菜的变种。甜菜这两个字，中式菜谱里较少出没，西方菜单上却很常见。如说厚皮菜是叶用甜菜，也许很多人会顺理成章地将它当成近年才引进中国的新兴食材。

　　其实不然，原产欧洲的甜菜可能千余年前就来到了中国，在中国的古植物名谱里，它的名字多数是这几个：甜菜、莙荙、恭菜。恭通甜，容易理解。莙荙二字，一如李时珍所言"义未详"，来历不明，倒是显得很有学问的样子。在清代丛书《古今图书集成》里，莙荙之名在《盛京物产考》和《松江府物产考》中都有出现，可见南北皆种，普及度很高。

　　古之莙荙，因为叶厚而柔，也被称为厚皮菠，以叶用为主，或作羹，或晒成菜干。爱它的人觉得肥美异常，不爱它的人更多，或谓"菜之凡品"，或说"菜斯为下矣"。现在不仅乡间菜地少见"莙荙蔽田塍"的旧时诗境，叶用甜菜更几乎消失于都市菜架。

　　不过，在局部区域如川湘等地的城乡市场，那些叶色浓绿的阔大厚皮菜仍会按时令如期出现在蔬菜档口。毕竟，它在中国已有近千年栽培史，总有一些人的味觉基因已被它柔滑厚腻的口感所驯化。

　　红叶品种的甜菜茎叶根肉，均色泽红褐，切菜时手心砧板难免为红汁所沁，非常讨厌。或许更令人讨厌的是它与红肉火龙果一样，那抹紫红色素连尿液也能侵入，令人如厕时总不免被吓一大跳。或因如此，古书里才会说它"多食破腹"。

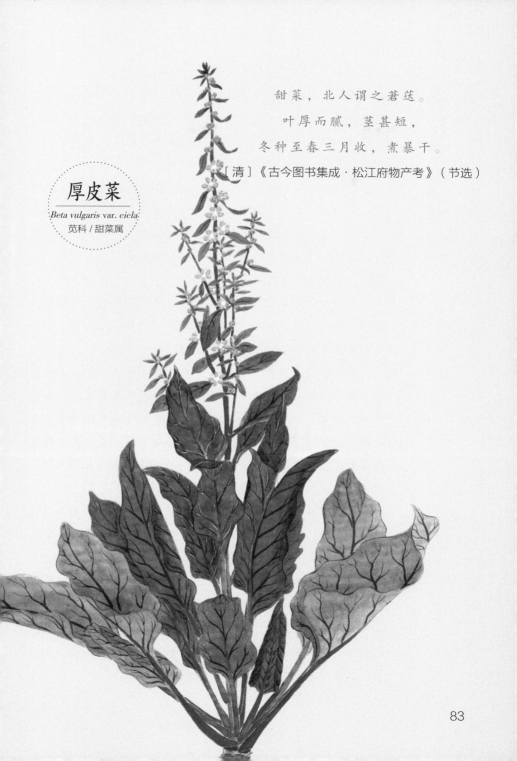

厚皮菜

Beta vulgaris var. cicla
苋科 / 甜菜属

甜菜，北人谓之莙荙。

叶厚而腻，茎甚短，

冬种至春三月收，煮暴干。

〔清〕《古今图书集成·松江府物产考》（节选）

金针黄花菜

脸长得一样的双胞胎，是不是同一个人？答案一目了然，人人皆知。可是，对待其他物种，人类往往脸盲，总免不了武断地下结论：既然长得差不多，那么你们就是同一种。所以，在古人眼里，萱草、鹿葱、黄花菜，既然均长叶似带，花如漏斗，那么自然而然归于一类。于是，犯下了事关生死的大错。

自然造物，许多物种之间差异甚微，只怕生养它们的天地也未必分得清。如果拿来吃，就不能如古人一般纸上谈兵，以讹传讹，搞不好"萱草，忘忧，其花堪食"的文字背后，就是一堆懵懵懂懂以身试毒萱的人命。

因为，黄花菜虽是萱草属一员，却不是所有萱草都能拿来吃。甚至，就连黄花菜，也含毒素，需要谨慎处理，沸水焯烫或杀青干燥后，灭掉花蕾中带毒的秋水仙碱，才能入馔。

明人高濂写道："单瓣者可食，千瓣者食之杀人。惟色如蜜者，香清叶嫩，可充高斋清供，又可作蔬食之。"虽然千瓣者的表述不明不白，但至少这位高先生清楚地知道：其他花大色艳或赤或橙的萱草，还是不吃为妙，要吃，得选花色蜜黄无杂色的，且"采来洗净，滚汤焯起，速入水漂一时"的操作流程，也非常规范标准。

萱草单花花期很短，往往仅得一日之艳。然而被人工栽培的黄花菜，连开花机会也没有，它最适合的采摘状态是花苞饱满未开时。黄花菜虽然可以鲜食，但若是厨艺白痴，操作不当，还是有中毒之虞。或因如此，现代菜市出售的往往都是杀青脱水后的黄花菜干货，常被雅称为"金针菜"。

泡发后的黄花菜，常作为配菜入汤羹，用来煲鸡汤尤佳。原本汤汁清润的鸡汤，添几根金针后，香气更显丰富，吃起来还是有几分餐花饮露的风雅之感的。

夏时采花，

洗净用汤焯，

拌料可食。

入馔素品如豆腐之类，

极佳。

〔明〕高濂《遵生八笺》（节选）

黄花菜

Hemerocallis citrina

阿福花科 / 萱草属

苋

Amaranthus tricolor

苋科 / 苋属

易称红苋美柔荑，夬决穷阴日旅辰。

不以色红为贵尚，何因赤苋有仙人。

〔宋〕史绳祖《红苋》

幼时故乡，称苋菜为汉菜，春秋两播，常植两种。一种植株皆绿，青叶炒成蔬，汤汁不染；另一种茎叶带赤，炒出盛盘，举盘皆红。农家父母往往以明艳汤色诱惑儿童多吃蔬饭，常用几勺红苋汤染得一碗白饭尽转紫红。

苋自古就是常见蔬菜，且白苋与红苋均有。大抵古人也和现代人一样，对食物的色香味均有偏好，所以既有人说紫茄白苋以为珍，也有人盛赞"盘蔬赤苋肥"。说到底，不管苋叶是全绿全紫还是青中带赤，其实口感相差不大。若要好吃，唯在一个字：嫩。

苋菜易老，初春撒下种子，密密麻麻长出一地或青或赤的鸡毛小菜，需要不断间苗以给强壮者留出生长空间。然而，春风一吹，那些小苋就哗啦啦长到一尺来高，叶肥茎粗，如若不及时掐取主茎嫩叶，它们会就此开花结果，走完短暂而灿烂的一生。然而，即使人为摘心掐茎干扰，一株苋菜，也只不过可供采食两三次。五月刚到，苋菜就会遵循自然规律，夏苋抽薹老生花。秋播的苋菜，更是旋生旋老，还未上过几次餐桌，就已叶老茎硬不堪食用。

纵是古蔬，口感却算不上很出彩，在古代，"藜苋"二字简直就是清贫生活的代表。宋人黄庭坚就十年读书厌藜苋，吃到生憎。不过，在饥馑年代，苋菜还是很有救荒扶贫之功的。也许，臭震江南的臭苋菜梗，就是在清贫中催生的食物。

陆游有诗句"红苋如丹照眼明，卧开石竹乱纵横"，"石榴萱草并成空，又见墙阴苋叶红"，苋皆出现在墙畔宅旁，与花卉并列同行。陆游并非五谷不分，实际上，诗中的苋应是被培育出来的苋之园艺变种，即今日仍于绿化带现身的观叶植物"雁来红"。

蘘荷白负霜

在中国植物世界，古名与今物往往并不匹配，但蘘荷或许是例外。《史记》里"茈姜蘘荷"，蘘荷与茈姜（即紫姜）相连，或已可证明西汉时"掘荃蕙与射干兮，耘藜藿与蘘荷"的蘘荷应即为今日姜属植物蘘荷。昔年，柳宗元被贬到湖南永州为官，害怕巫蛊之术，大抵对《搜神记》里"今世攻蛊，多用蘘荷根，往往验"也半信半疑，写过《种白蘘荷》一诗，半写实半自伤身世。

蘘荷花序紧致，花色黄白。可是，若等到花已开，蘘荷就不堪食用了，因作为蔬菜食用的，正是夏秋之际自根部泥土处发出来的紫红色幼嫩花苞。花苞一旦绽放，采摘人就只能徒呼奈何。如果秋意转深再去探望蘘荷，恐怕就只会被它奇形怪状的鬼魅蒴果吓一跳。

虽是古老蔬菜之一，蘘荷的普及率与知名度并不算高，拥有它的江南诸省和川湘赣黔人民，每逢夏秋，或凉拌或煎炒，吃得不亦乐乎。但其他省份的人，听闻其名，往往不知所谓。古人将之誉为美草佳蔬，但数千年过去，在南菜北送的今天，蘘荷却依旧只是一种地域性时令蔬菜，对于好奇心旺盛的好吃人士来说，实是一件恨事。

东邻日本，倒是将日文名为"茗荷"的蘘荷作为蔬菜广为栽培，入馔时或凉拌或油炸为天妇罗。今之中国人，只怕有许多人是从日本动画或其他文艺作品里才知道蘘荷这种食材，若误以为被樱桃小丸子一家人交口称赞的美味仅日本才有，就未免贻笑于祖先了。或许，中国好吃佬们的心愿之一，应也包括蘘荷能如邻国那般普及起来，无论身处中华何地，均能"莼藕薯芋蘘荷姜，堆盘满案次第尝"。

蘘荷

Zingiber mioga

姜科 / 姜属

首蓿怀风而披靡，
蘘荷依阴而繁茂，
葛覃既施于中谷，
兰生亦罗乎堂下。

〔宋〕吴淑《事类赋》（节选）

在宫崎骏的动画《龙猫》里，公交站牌旁，小姑娘撑着伞，龙猫也撑着一把硕大的天然绿叶伞，那是蜂斗菜的叶片。菊科植物蜂斗菜株高过人，叶之硕大不下于芭蕉。原生于日本北海道的蜂斗菜变种巨蜂斗菜（日文名"秋田蕗"），更是大个子中的巨人，修长叶柄能高近三米，就网络图片来看，那一片蜂斗菜地，似青纱帐，如小森林，实在很有震慑感。

与菟葵、侧金盏花和獐耳细辛一样，蜂斗菜也是早春开花的报春植物。只不过，前三者的花朵均能凌寒开放于冰雪之中、冷阳之下，蜂斗菜鹅黄幼嫩的花苞却往往来不及绽开笑颜，就被日本人采走，吃掉。

许多人都曾在日本影视里看到过人们在积雪犹存的地面上翻寻蜂斗菜的画面。耐寒的蜂斗菜，在冬雪覆盖的冻土之中，叶未萌而花先发，自根部冒出包裹着鳞状苞片的花茎。如果花茎不被贪食的

蜂斗菜
Petasites japonicus
菊科 / 蜂斗菜属

人类摘走，蜂斗菜在初春时节就会抽出近二十厘米的花梗，在伞房花序上挨挨挤挤、热热闹闹地开出花冠如丝纤细的白色小花。

蜂斗菜却并非日本独有，在中国华东及川鄂陕等省均有野生，只不过现代中国人不拿它当菜而已。野蔬往往味带苦涩，蜂斗菜花苞也不例外，雪中采花，大概吃的就是那点野趣与闲情。作为蔬菜登上日本餐桌的，往往是蜂斗菜的阔大叶片与肥厚叶柄。

如果好奇蜂斗菜的味道，去日本旅行时可以顺便一尝。蜂斗菜的日文名有二，一为"蕗"，一为"款冬"。

款冬在中国是 *Tussilago farfara* 的中文专用名，它与蜂斗菜都会在早春开花。若要区分它们，只需认准款冬花色金黄、蜂斗菜花初开略带紫赤后转莹白就好。

又有红花者，叶如荷，而斗直。

大者容一升，小者容数合。

俗呼为蜂斗叶，又名水斗叶。

〔宋〕苏颂《本草图经》（节选）

马齿苋，野生，性耐久旱，俗名长命菜。
一名五行草，以其叶青梗赤花黄根白子黑也。
〔清〕《古今图书集成·德安府物产考》（节选）

马齿苋

Portulaca oleracea

马齿苋科 / 马齿苋属

青红黄白黑五色，在中国文化系统里，代表木火土金水五行。华夏大地随地皆有匍地生长的马齿苋，青叶、赤茎、黄花、白根、黑籽，以微草之躯占尽五色，也被称为五行草。

乡下老农并不知道它有如此高端的别名，暮春四月，马齿苋生长正盛，瓜子形的小叶肥厚光润，若不及时出手挖掘，口感就不太好了。挑好的马齿苋，简简单单，开水一焯，油盐调味，端上餐桌，在夏暑侵袭的季节里，这碗自然含酸又嫩柔滑腻的野蔬，很是开胃爽口。那些极爱马齿苋的人，往往趁花开之前大肆抢收，或腌制，或晒干后珍藏之，想食用的时候拿出来泡发，和肉馅、做煎饼、蒸包子都很相宜。

古人虽也"初夏采，沸汤焯过，晒干冬用旋食"，却在马齿苋身上额外附加了许多神幻技能。夏至，要戴长命菜（马齿苋耐旱不死，故长命菜也成为别名之一），以祈福祛灾。阴历六月初六采集晒干的马齿苋，正月初一煮熟吃下，"可解疫疬气"。消灾祈福之事，原本全靠心理作用，既然无伤大雅，按风俗行事却也无妨。但如果说马齿苋"叶间有水银，可烧取"，就纯属胡说八道了。

马齿苋一粒卵形蒴果中含细小黑籽数十粒，秋风乍起，小黑粒随风辗转，落在原野旱地角落，停在农家屋前院后，来年春天就是一株新苗。生命力既强，随处可见，农人自是司空见惯。都市人常见到的，却是它的近亲大花马齿苋（*Portulaca grandiflora*），在盛夏之中五颜六色开得灿烂无比。

有人常将大花马齿苋也简称为马齿苋，其实，与小朵黄花细小几不可见的原生马齿苋形象相去甚远的大花马齿苋，头上那顶美艳"大花"的帽子还是牢牢戴着比较好，以免名物混乱，或者按俗名称其为"太阳花"也行。

问荆节节生

许多人知道问荆，是因为邻国日本的饮食文化浸染。无论是动画《樱桃小丸子》还是老少咸宜的高木直子绘本，都曾出现"笔头菜"这种春之野蔬，吃下它似乎就代表着吃下春天。图片里那盘一茎茎宛如笔头的褐茶色食物，撩发了多少好奇又好吃人士腹中蠢蠢欲动的馋虫。被日本人称为"土笔"（土笔）的这种食物，就这样不经意间闯入中国人的视野。

不知为何，热爱美食的中国人民似乎自古以来都不去吃它，连作为灾荒年代野菜求生指南的《救荒本草》里也难觅芳名。在春野之上冒出来的问荆孢茎，如果处理掉有碍健康的生物碱后，拿来凉拌，用它炒鸡蛋，滋味到底如何，只怕少有中国人知道。也许唯一的解释是，中国地太大物太博，春来山头薇蕨随处可采，实在轮不到问荆出场。

问荆所在的木贼属，属于蕨类植物门，如同常被采食的各种蕨菜，它可供食用的时间甚短。日本人之所以珍而重之，只因忽忽春过，当四月到来，茶色土笔长成绿色杉菜，就不堪食用了。故而在日文称呼里，问荆在不同的生长阶段，连名字都不同，当绿色线形细叶绿盈盈地布满枝头，名字就由"土笔"变成了"杉菜"。

人类往往迷信山珍海味，有一种野生之物皆营养更高、滋味更好的错觉。其实不然，祖先远比我们想象的更为聪明，经前人甄选、驯化成为常见蔬菜的，往往才是于人无害且被培育得滋味更美的。问荆再好，如同其他野蔬一般，多含于人有害的生物碱，若真想了却与自然与春天亲近的心愿，想一尝问荆野意盎然的山野滋味，每逢时令，随意采撷一些，小尝即可。多食，于问荆，于自然，于自身，均无益。

问荆……生伊洛洲渚间，苗如木贼，

节节相接，一名接续草。

〔明〕李时珍《本草纲目》（节选）

问荆

Equisetum arvense

木贼科 / 木贼属

一种紫萁，似蕨有苞，

而味苦，谓之迷蕨。

初生亦可食，《尔雅》谓之月尔，

《三苍》谓之紫蕨。

〔明〕李时珍《本草纲目》（节选）

紫 萁
Osmunda japonica
紫萁科 / 紫萁属

紫芑的日文名，为汉字"薇"。薇字在中国，因为《诗经》和伯夷叔齐采薇于首阳山的故事，知名度很高，文化意味浓郁。名字落到实物身上，学界也多认为"薇"实际是野豌豆属的救荒野豌豆。当然，也有持异论者，如宋人朱熹就认为"薇，似蕨而差大"，日本人无疑是朱熹派，其古书《毛诗品物图考》直接将"言采其薇"的薇，画成了紫芑的模样。清人李调元也以薇、蕨为同一物，在《南越笔记》里解释得很有趣，"蕨惟雷鸣乃可食。蕨，决也。乘怒气决然而生，故曰蕨。其芽微也。初生萌甚微，故曰薇"。

不管紫芑是不是薇，它确实是蕨菜的一种，俗称为猫儿蕨。薇、蕨之所以混淆，如元诗所言"薇蕨生固殊，类同若兄弟"，同居山野之间，同为贫寒代表，自然而然地人们总将两者相提并论、混为一谈。"如何归故山，相携采薇蕨"，"野策藤竹轻，山蔬薇蕨新"等诗句，均是个中范例。

矛盾的古代士子想得开时，就隐居山野，嚼着薇蕨，世事悠悠不挂怀，以安贫乐道自许。但更多时候，他们要么感伤身世要么忧国忧民，采薇食蕨这件事，到了"采采蕨其，可以疗饥"的困顿境地，就变得不复美好，形诸笔端，漫山野蔬，都变成现实的沉重喘息。

确实，再好的食物，若成为唯一可得的果腹之物，味即转差。也只有在物资丰足的现代，人们吃腻了大棚蔬菜，总惦记着在餐桌上增添一点新鲜感，整几盘罕见的野菜山蔬作为点缀，清贫野蔬蕨菜才一度受到热捧。

97

山葵味辛辣

山葵菜属十余种，多原生于亚洲，中国拥有半数有余。虽然野生甚广，但山葵菜在中国算不上知名植物。明代人曾将它列为救荒本草之一，写明将苗叶焯烫后油盐调味食用。大概味道并不怎么好，以至于数百年来，中国人既未将之用心驯化培育成栽培蔬菜，也从未将它抬高到与荠菜、水芹一般受欢迎的地位。直到如今，因为出口需要，才开始在云南等地出现大片的山葵菜种植地。

十里不同音，百里不同俗，饮食习惯更带有地域性。日本因近海之利，渔业发达，渔产丰富，举国皆喜食生鱼片，而刺身的重要调味料之一，即山葵酱。"山葵"是块茎山葵菜的日文名。

山葵菜没能为中国人的味觉所认可，但在拥有不同饮食文化的日本，山葵菜的地下块茎却成为价格昂贵的珍贵食材。甚至因一茎难求，以至于吃不起山葵菜根茎的普通人家，只能退而求其次，去购买用辣根制成的软管装代替品。根茎研磨后的辣根泥，有着与山葵泥近似但更冲一点的刺鼻辛辣味。据说普通日本料理店用的，一般都是辣根。得去高级料理店才能够一尝山葵菜泥真滋味。

近些年来，全球饮食文化互相交融，喜欢吃日本料理的中国人也不少。作为刺身佐料的写作"芥末"的青绿色泥末，究竟是来自山葵菜、辣根，还是芥菜？恐怕只有店家知道。

至于明明是山葵菜末，为何在中国却写成了芥末，只能说第一个将"山葵"翻译成汉语的人，大概是个非常熟悉中国芥末的人，既然口感相似，就无视物种相异，直接将芥末这个名词慷慨共享给了山葵菜末。从此，称呼已成习惯，只怕再也难以纠正。

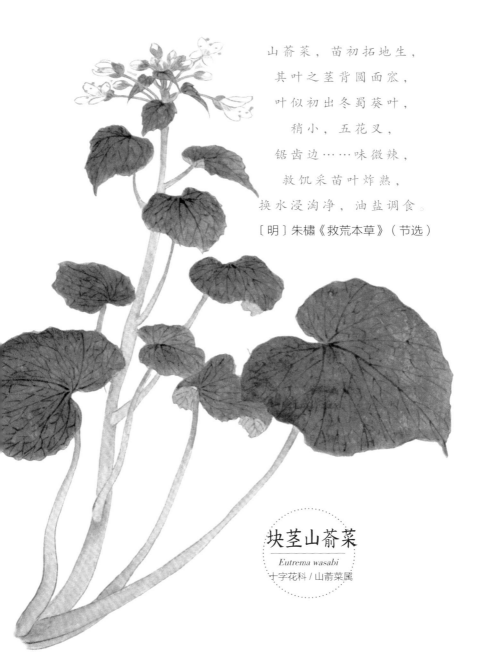

山萮菜，苗初拓地生，
其叶之茎背圆面窊，
叶似初出冬蜀葵叶，
稍小，五花叉，
锯齿边……味微辣，
救饥采苗叶炸熟，
换水浸淘净，油盐调食。
〔明〕朱橚《救荒本草》（节选）

块茎山萮菜

Eutrema wasabi

十字花科 / 山萮菜属

正喜余霞射东谷，何期檐溜滴阶频。

且贪是夕剪灯话，判作来朝著屐人。

慧远酒边能发兴，周颙肉罢讵生嗔。

猫头之笋一饱足，况有青青鸭脚芹。

〔清〕朱彝尊《偕诸君过灵隐寺雨宿松霭山房限韵二首·其二》

鸭儿芹

Cryptotaenia japonica

伞形科 / 鸭儿芹属

被日本人称为"三葉"（三叶）的鸭儿芹，在中国的一大长串别名，都与禽类脱不了干系，不是鸭脚板，就是鹅脚根。没办法，谁让它边缘带着锯齿浅裂的三出复叶，总是三枚三枚地攒在一起，如同禽类在大地上踏下的一个个绿色脚印。

在中国，只要不是北国苦寒之地，几乎都有鸭儿芹的踪影。春风一催，三叶重重叠叠铺满原野一隅。等到晚春初夏的四五月，挨挨挤挤的绿色鸭脚板上方会撑起白色花伞，开出点点疏落有致的细碎小白花。

这种寻常可见的野草，有着扑鼻香气，一旦入菜，菜色顿增鲜美。它在中国餐桌上虽少见，在日本料理里却时常现身。日式拉面上撒一撮，效果等同于中国人撒葱花与芫荽，几片碧绿，一缕芬芳，既添色又增香。

因为是常用蔬菜，鸭儿芹在日本被广为人工栽培，四季菜架有售。但中国人如果对它的味道上瘾，目前可能还一菜难求。或许有人会说，既然野外遍生，何不求之于野？吃野菜这件事，若是荠菜那般家喻户晓的植物，毫无误食伤身风险，自然可以年年春到年年采食。但从未吃过的植物还是不要轻易下手，采错了草事小，吃坏了身体可就事大了。

鸭儿芹在伞形科有一个剧毒可致命的远亲——毒芹，外形与鸭儿芹颇有几分近似，误采的风险系数极高。故而，纵使整个春天都是野生鸭儿芹味道最好的时节，还是留它在原野之上独自静美、开花结果吧！

青青鸭儿芹

101

春风吹葛长

大学时代，宿舍楼门禁不算森严，时有小贩走入。一日，敲门进来一位老农，说是卖山里采来的新鲜葛粉。宿舍众人枉长近二十年，浑不知葛为何物。老人现场演示葛粉冲泡之术后，才有生于鱼米之乡的人恍然大悟地说："哦，和家乡藕粉差不多。"

"不不不，"老人连声否决，"葛粉，要比藕粉好，既好吃又养生。"语气里并不是商人求利式的自夸，而是打心底地为自己所售的葛粉自豪。与葛粉自此相识后，曾多次在不同省市超市中见过袋装葛粉出售，包装袋上大字标注着某地特产，那个某字几乎次次不同，未曾重复过。大抵，这种南北皆有的植物，对惯于采食且喜食葛粉的地域的居民来说，均属当地特产。当然，葛的吃法并非葛粉一种。在产葛之乡，人们会用葛花炒蛋，用葛的幼嫩茎叶做菜，将葛粉混入丸子。

葛不仅是地域特产，更是文化特产。观诸古人笔墨，会发现处处有它。头上戴着它，"藜杖空云气，葛巾多雨痕"；身上套着它，"五月暑犹薄，中庭试葛衣"；脚上穿着它，"纠纠葛屦，可以履霜"；嘴里吃着它，"蕨其与葛粉，槌捣代糜粥"。由头到脚，由外及里，中国古人均蒙它恩宠，受它馈赠。甚至，对着它，还勾引了相思，唱起了情歌："彼采葛兮，一日不见，如三月兮！"

葛在秋天会盛开紫红色穗状花，即便撇去它编篮、制绳、织布、入药的种种经济功能，纯以欣赏的角度来看，它也是一种值得一观的美丽草木。不得不承认，古人"滤泉澄葛粉，洗手摘藤花"的田园生活，实在是令人羡慕。

种葛南山下，春风吹葛长。

二月吹葛绿，八月吹葛黄。

腰镰逝采撷，织作君衣裳。

经以长相忆，纬以思不忘。

〔明〕张时彻《采葛篇》（节选）

葛

Pueraria montana

豆科 / 葛属

芥花菘薗饯春忙，夜吠仙苗喜晚尝。

味抱土膏甘复脆，气含风露咽犹香。

作齐淡著微施酪，苊茗临时莫过汤。

却忆荆淡古城上，翠条红乳摘盈箱。

〔宋〕杨万里《尝枸杞》

枸 杞

Lycium chinense

茄科／枸杞属

作为商品的宁夏枸杞（*Lycium barbarum*）名闻华夏甚至天下，但被古人誉称为天精草或长生草的枸杞（*Lycium chinense*）并非只产于宁夏，华夏大地随处有之。"野岸竟多杞，小实霜且丹"，纵然果实之口感功效可能不及宁夏物种，却依旧在灌木丛中"错落丹乳明"，秋日果红很是抢眼。

古人的神奇技能之一，是一旦迷信一种能够入口的植物具养生功能，往往就能将之与长生不老挂钩。按李时珍的说法，"春采叶，名天精草；夏采花，名长生草；秋采子，名枸杞子；冬采根，名地骨皮"，叶花子根，俱不放过，名字也极尽夸张，天精地骨，长生枸杞。

是以，古人深信"午餐羹枸杞，扶弱有神功"，认为它"上品功能甘露味，还知一勺可延龄"。枸杞能滋补养生的想法，几乎渗入中国人的基因，所以当一个曾经的热血摇滚青年变成了端着枸杞茶的养生中年，所有人对此都能报之一笑，俨然已经参透背后玄机。

无论如何，用保温杯泡枸杞的现代中国人，都远不及古人那般魔幻性地迷信枸杞。"花阴仙犬向我吠，知是枸杞千年精"，不知为何，古人深信千载枸杞能够幻化为狗形，也不知道是不是因为一个"枸"字而衍生出此等奇思妙想。

全国人民都泡枸杞茶，部分地区如华南等地更喜食枸杞叶。每逢春至，新叶正嫩，菜市场就有一把把带叶的枸杞枝出售。氽烫猪肝汤时，抓一把青碧枸杞叶，再撒几粒赤红枸杞子，色香味俱全，是很讨喜的一碗速制滚汤。猪肝若换成瘦肉或猪肾，滋味依旧不减。吃杞叶羹汤其实也是古习，"谁道春风未发生，杞苗试摘已堪羹"。

枸杞浮茗碗

北人种茴香

有一年乡居，出于好奇，网购了茴香种子，初春播下，未几就发出细线摇漾春光的嫩黄绿叶，在屋前的菜圃角落里渐次绿成一片。村里人往往驻足相看，询问是什么，得到答案后，一脸看卤料的表情。

同属于乡邻们未曾见过的新奇植物，茴香旁边的秋葵、紫糯玉米等物，就有人要求试吃，并前来索要种子。然而，这些在故乡待了一辈子，恒守着自己熟悉的乡土味觉的人们，自始至终未曾激发起对茴香的试吃欲望。

以一人之力自然吃不完那一块疯长且在暖阳下加速变老的茴香，为了给其他蔬菜提供所需地盘，那一畦茴香只能以尚未开花结果就被斩草除根的命运而告终。如果不将茴香拔除，五六月间，茴香会开出柔黄色的伞形花序，花下羽叶丝丝盈绿，茎头黄花点点泛金，黄衫翠裳，恬淡清新，其实很好看。

南宋灭亡后，有宋朝遗民面对金陵城，写下"玉树后庭花不见，北人租地种茴香"的句子。北方人喜爱茴香，自古至今，热情不改，北方饺子馆里茴香饺子往往名列于白菜韭菜诸馅之前。可惜的是，时至今日，茴香仍还只是北国喜种而南方农家普遍不播的蔬菜。

秋后，茴香会结出长圆、带棱、宛如干瘪谷壳的果实，就变成了常被称为小茴香的作料。对于接受不了茴香嫩茎叶入馔的南方人来说，小茴香，倒是他们耳熟能详的调味料，是卤料里常见的一味。但是，鲁迅笔下茴香豆里的茴香，可能并不仅仅包括茴香，还包括别称为"大茴香"的八角。

全世界均爱香料，香气甘美的茴香被西方人称为 sweet fennel，不仅入馔，也是芳香疗法里的常用精油。真希望，故乡乡邻能早日突破自设的味觉地域壁障，观其美、享其香、乐其味。

邻家争插红紫归，诗人独行嗅芳草。

丛边幽蕊更不凡，蝴蝶纷纷逐花老。

〔宋〕黄庶《和柳子玉官舍十首之茴香》

茴 香

Foeniculum vulgare

伞形科 / 茴香属

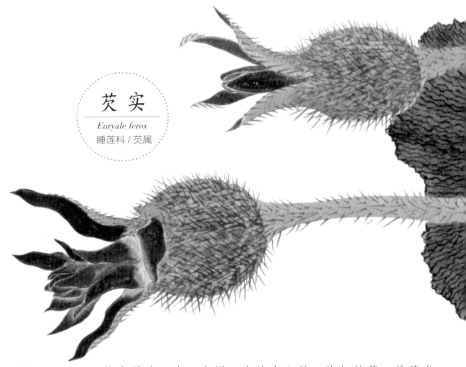

芡实
Euryale ferox
睡莲科 / 芡属

绿芡行堪采

　　故乡并非江南，名闻江南的水八仙，除却莲藕、荸荠尚有栽培，其他六种皆赖野生。野生并非年年有，忽一年芡实遍芳塘，忽几岁菱芡现影踪，每一次遇见，均属缘分。童年时，每隔两三年，以村为中心，一去二三里，总会有一处水塘，忽然满池浮起团团开碧轮的芡盘。

　　野生芡实通株遍生尖刺，又是水生植物，若要采摘，只能依靠会游泳的男人下水用镰刀割取。盛夏闲聊时，若有人偶然提到野塘里已然紫花朵朵，鸡头芡嘴探出水面，说不定就会有一两个男人一时兴起，来场说采就采的芡塘行。

　　最后，大功告成的男人们将一堆长着刺的野芡交付给妇孺。往往一担挑回来的芡梗分量，足够全村每户炒上三四盘。顿时，树下欢声笑语，大人剥芡梗，小儿拆芡实。虽然在江

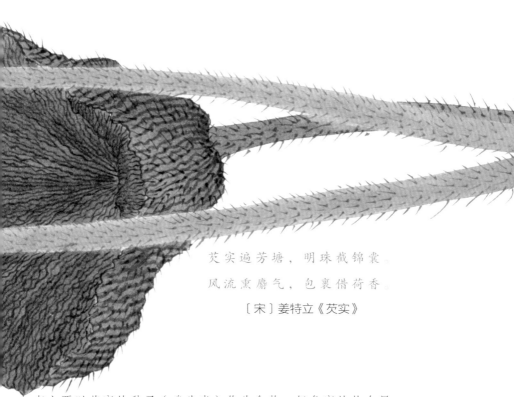

芡实遍芳塘，明珠截锦囊。
风流熏麝气，包裹借荷香。
〔宋〕姜特立《芡实》

南主要以芡实的种子（鸡头米）作为食物，但务实的故乡居民却偏爱剥去芡梗上密刺丛生的外皮，使之露出肉粉带褐的肉质茎干，折成小段，以炮制藕带之法烹饪，一盘酸辣爽脆的椒丝芡梗，是晚餐桌上的风味特色菜。

绍兴人陆游曾无比骄傲地写诗历数江南风物：茗、芡、杨梅、蟹、蕈、莼、蕨等等。对于仅与野芡有过几年一遇的数面之缘的华中儿童来说，"明珠百舸载芡实，火齐千担装杨梅"的江南盛景，非常遥远。

论味道，或许应该是江南千余年养育栽培的肥硕鸡头米更为甘香可口。然而，纵使野芡实果小，费尽工夫往往只得米粒大小的一点，但为了剥掉野芡猬甲的那份小心翼翼，那份柔软芡球终于在握的欣喜，仍是甘美的童年回忆。

椒实雨新红

　　"五色令人目盲"，但人类依旧要观花赏朵，看尽世间万紫千红。"五味令人口爽"，爽的意思不是爽快，而是甜酸苦辣咸吃到味觉损伤乃至丧失。面对老子在《道德经》里写下的古老忠告，一代一代的后人依旧觉得，人生在世，世间百味，均需遍尝，才能令好食之口倍感舒爽。不吃，反而会深感"爽伤"。

　　是以，花椒虽麻，依旧拥有拥趸无数，且人类挑剔的舌头还讲究花椒的产地与品种。如果喝茶的人以为大红袍只是茶叶的品种名，爱花椒的人也许会笑话他孤陋寡闻，因为"大红袍"也是知名的花椒品种。

　　曾有人说，川菜虽以辣享有盛名，但最具特色的却不是辣，而是麻。此言不虚，辣椒原是异乡客，椒字原本为花椒所专有，"椒聊之实，蕃衍盈升"，先秦民歌、汉代辞赋里的椒字，往往都指花椒。只是，到得现代，辣椒的名头比花椒更响，说起椒香鸡、椒香牛肉，只怕人们第一念头想起的已经是辣椒香而非花椒香了。

　　在辣椒、胡椒未进宫与花椒争宠之前，花椒堪称宫廷专宠。"调浆美著骚经上，涂壁香凝汉殿中"，以花椒和泥涂壁，即为活色生香的椒房。除了椒房，还有椒宫、椒殿，连对女子德行的赞美也写为椒德。一树花椒，秋来紫果沁红，垂实累累，闻着芬芳，食之体暖。既芬芳又温暖且多子，在古人看来，花椒与女子同具此三德，分明就是同类。

　　花椒并非只可用作调味料。春来花椒嫩芽初发，摘取幼软的花椒叶，以之炒鸡蛋或肉片，均清香满口，回味无穷。切成碎末，加入面粉、清水与盐和成面糊，烙成花椒叶饼，也是椒香袭人。

花椒
Zanthoxylum bungeanum
芸香科 / 花椒属

欣忻笑口向西风，喷出元珠颗颗同。

采处倒含秋露白，晒时娇映夕阳红。

调浆美著骚经上，涂壁香凝汉殿中。

鼎铼也应知此味，莫教姜桂独成功。

〔宋〕刘子翚《花椒》

罗勒，处处有之，有三种。

一种似紫苏叶。

一种叶大，二十步内即闻香

一种堪作生菜，冬月用干者。

〔清〕《古今图书集成·博物汇编·草木典》

（节选）

罗 勒

Ocimum basilicum

唇形科 / 罗勒属

香草罗勒，花开时一层又一层，所以又名九层塔。栽在花盆可充当绿植，放入茶杯则为香草饮，投进菜肴就成为中西料理里表现最佳的绿叶演员，尽职尽责地衬托得一盘菜食活色生香、风味独特。

爱罗勒的人最好在家里种几盆，无事就看一盆翠叶碧油油，有需则随时掐茎摘叶以供餐饮。从播种开始，那些细圆的小小颗粒，需要预先在湿纸巾上催芽后，才能撒入土中静待苗萌。一旦两两对生、青葱油润的披针卵圆叶长出四五对，茎高十厘米有余，不需要心疼，尽管大胆地摘心打顶。被摘掉主茎的罗勒两边侧芽会加速抽出，将长得更为繁茂。

掐下来的嫩茎如果舍不得食用，可以插入松软沃土里，只要水分足够，转瞬即活，变成又一盆青青罗勒。连古人也知道"掐心著泥中，亦活"，罗勒原是好种易活的植物，虽然频频在看似高端昂贵的西餐里出没，其实它最是平易近人。

罗勒是古名，但古人的罗勒指代不明。"赵避石勒讳，以罗勒为兰香"，因罗勒与国王石勒撞名，后赵国将之改称为兰香。这一改就改出了古代名物混淆的无数是非，因为兰香亦是古草之名，且同样指代难明。

今之兰香草，是唇形科莸属植物 *Caryopteris incana* 的中文名，与罗勒在植物学上的关系远矣。可是它们的别名打成一片，共用荆芥、九层塔等多个名字。曾在郑州吃过一盘名为凉拌荆芥的菜，那熟悉的味道与罗勒有几分相似。而荆芥，其实也是唇形科荆芥属植物 *Nepeta cataria* 的中文名。

不如简单就好，不去管这些名物匹配的是非。只需要拥有一盆绿意盎然的罗勒，拌面炒面时撒上一点，就知美食剧里总说"口感变得更丰富"原来不是骗人。不管罗勒姓甚名谁，它那美好的香醇滋味，都不愧其别名"金不换"。

薏苡吐秋珠

施蛰存有诗句"万里风云征汉使，一车薏苡替明珠"。诗中描绘的是薏苡明珠的典故，主角是东汉开国功臣马援。"马援橐中无薏苡，张骞槎上有葡萄"，这句诗正话反说，实则马援南征带回的并非明珠，而是可以疗疾的薏苡，无奈政敌硬生生将薏苡说成明珠。关键是，皇帝还信了。人心复杂，帝心尤其难测，谤招薏苡亦堪伤，难怪后世出仕为官的文人要感叹不已。

对于乡下小姑娘来说，薏苡背后的历史故事毫不重要。重要的是，为什么每年秋天邻桌女同学手腕上总能戴上一串棕褐色、闪着光泽的薏苡珠链。问询何处得来，答曰村畔就有。无奈，寻遍自家村庄周遭，竟无一株野生薏苡生长。那一点艳羡之情，只得年年如期上演。

待到成年后，见到薏苡的日文名"数珠玉"，仍会意难平地在心中叹一声：薏苡确实是珠玉啊，是少女之心始终渴念却终未得到的那一串草之珠玉。

今日常与红豆同煮，被视为祛湿佳饮的薏米，是薏苡的变种，其拉丁学名为 *Coix lacryma-jobi* var. *ma-yuen*。种加词 *ma-yuen* 有可能来自与薏苡有着深远文化渊源的马援。

不过马援之后，薏米似乎也并未在中华得以推广，以至于见多识广、吃尽天下佳蔬美果的江南人陆游"初游唐安饭薏米"后惊艳其美，称赞它"大如芡实白如玉，滑欲流匙香满屋"，还感叹"桂炊薏米圆比珠，还吴此味那复有"，简直此地有薏米，甚乐不思吴。当陆游回到江南后，"东归思之未易得，每以问人人不识"，求诸江南竟无人相识，更遑论种之食之。在诗中为薏米摇旗呐喊的陆游无疑是最爱薏米的古人之一。

叶如华黍实如珠，

移种官庭特匆蒨。

但蠲病渴付相如，

勿恤谤言归马援。

〔宋〕梅尧臣《和石昌言学士官舍十题·薏苡》

薏苡

Coix lacryma-jobi

禾本科 / 薏苡属

舍南种胡麻，三日幸不雨，
晨起亲按行，已见青覆土。
穷人如意少，喜色漏眉宇。
儿童勿惰偷，造物不负汝。

〔宋〕陆游《村舍杂兴》

芝 麻

Sesamum indicum

芝麻科 / 芝麻属

童年暑假，常被祖母差使去地里摘芝麻花。带着粉紫晕纹的白色小花，细长筒身，五裂花冠，花开节节高，次第挂在株高一米多的直茎上叶腋下。芝麻香逐好风来，摘花实是一件赏心悦目的好差事。但也有例外，如果不幸在芝麻秆上遇到身形巨大的芝麻虫，猛一照面，真的会被蝶蛾幼崽的外貌吓得魂飞魄散。

摘回来的芝麻花，被祖母用来和其他材料一起制成酒曲。到了岁暮，家中总会有一大缸自制的甜酒，酒香醉人，其中应也有芝麻花的一份功劳。祖母的酒曲闻名乡里，她故去之后仍旧有人上门求索，往往失望而归，因制曲之法已随她而逝。现在想来，或许，加入芝麻花仅为取其香，因为制曲时若正值栀子花开，也曾被差使去摘过栀子花。

华中田野，九月末，地里茎干犹青的芝麻已被收割成束，几束一围搭成小小的芝麻兵团。农人若得空闲，时不时在芝麻地里铺上塑料布，抱起一束芝麻秆轻轻敲击磕打一番，自芝麻裂开的四棱矩角形蒴果里，就纷纷落出米白的芝麻子，不消多久，就在塑料布上堆成了小小的芝麻山。随手抓一把放入口，甘香。

芝麻并非中国原种，最初以胡麻之名行世，因富含油脂又被称为脂麻。在喝茶还不纯粹以茶叶煎泡的唐宋时代，"煎烹逐风土，白水和脂麻"，芝麻是一碗茶中的增香之物。再后来，它成了芝麻饼的香气诱惑，更以芝麻酱的形式成为武汉热干面的灵魂所在。花香，子香，酱香，均敌不过油香。"胡麻压油油更香，油新饼美争先尝"，芝麻送入油坊，榨油之时，实在是气息香美馥郁到难以言传。厨房调料架上那小小的一瓶芝麻油，才是各式凉拌菜和羹汤里的神来之笔。故，植物油何其多，却唯它有资格拿到香油这个江湖称号。

松下饭胡麻

秋野鼠尾草

　　花序呈穗状的植物，动不动就变成了动物的尾巴，鼠尾、狼尾、狗尾诸草均如是。鼠尾草花穗长十五厘米有余，再怎么纤细短小也超过鼠尾数倍，得名鼠尾，总觉得有点莫名冤屈。丛生成片时，漫地蓝紫花穗，乍一看，与知名香草薰衣草非常相似。

　　庭院之内若遍植香草植物，是件一举多得的美事。既有青叶养眼，又有美花悦目，微风过处，芳香满庭，心旷神怡。一日三餐，采几片香草叶入馔，增香提味。周末午后，精神倦怠时，一杯新鲜的香草茶，往往能瞬间打通疲软身体的经脉。作为常见香草之一，家中若植几株鼠尾草，亦有同效，绝不会辜负园丁的辛劳。

　　广泛用于香水中的鼠尾草，虽然在西餐西点之中是常用的调味香料，但中式菜肴几乎没有它的用武之地。若要一尝鼠尾草滋味，最简单易行的是取数片叶子，投入开水中浸泡数分钟，就可以得到一杯淡香宜人的鼠尾草茶。如若嗜甜，可依个人口味调入蜂蜜与糖，或者，加入红茶、淡奶，做成升级版的鼠尾草奶茶。

　　尽管鼠尾草一直被当作西方植物，在中国野地却广为逸生，只不过往往被视为林野杂草，人多不识或者视而不见而已。鼠尾草属植物在中国为数甚广，计有七十余种，其中最出名的可能应数名字与鼠尾草完全搭不上关系的丹参（*Salvia miltiorrhiza*），它作为知名中成药复方丹参滴丸中的主要药材，闻名中华。其实香草植物因为芳草宜人，中外都常以之作为疗愈药草，鼠尾草属名 *Salvia*，源自希腊语 salvare 和 salveo，就分别有治疗与健康之意。

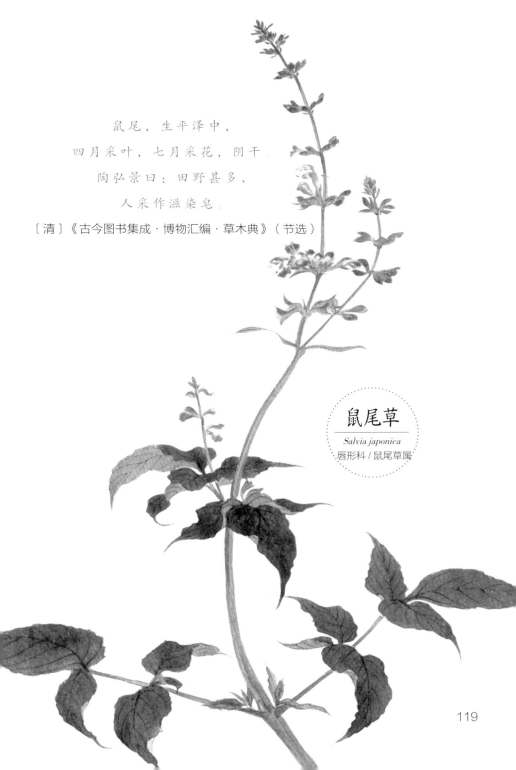

鼠尾，生平泽中，

四月采叶，七月采花，阴干。

陶弘景曰：田野甚多，

人采作滋染皂。

〔清〕《古今图书集成·博物汇编·草木典》（节选）

鼠尾草

Salvia japonica

唇形科 / 鼠尾草属

紫苏

Perilla frutescens

唇形科 / 紫苏属

五月家园花未疏，葵榴烂漫闲菖蒲。

齿拈酸味尝青杏，甲染清香摘紫苏。

耽午梦，懒照梳。挨延长日饭工夫。

嗔予无过痴儿女，争系新丝续命符。

〔唐〕薛琼《鹧鸪天·五月家园花未疏》

　　某年归乡，在村头意外发现两株逸生的紫苏。于是，我便将它们移入门前菜圃。此后，两棵紫苏的后代繁衍生息，由两变众，渐成规模。每年春天，一场又一场雨水过后，菜畦处处，菜园周边，或密簇成堆，或三两集结，便陆续冒出紫苏皱面多纹路的卵圆新叶，两两对生，锯边精致，油紫润青，很是可爱。

　　可惜的是，多事种紫苏的人并不在家长住。对新鲜事物难以快速接受的老父母不知道如何食用，对它无从下手，只能将生于园中的一律视为野草无情拔除。至于篱笆外的，随它自生自灭，每年夏秋长到近一米高，枝大叶茂，紫叶葳蕤，秋来挑出一轮轮穗花，花凋子成，那些随风散落的种子，落入园中，过得一年，又是令老父母倍感烦恼的"野草"。

　　古人以叶色区别，叶绿者称白苏或青苏，全紫或面青背紫的称紫苏，实际上无论叶色如何，均属紫苏，均体带芬芳，以手摘之，指染清香。以开水泡之，则"香泛紫苏饮，醒心清可怜"，是中国古老的香草茶之一，名列于《武林旧事》的"凉水"条目下。

　　盛夏时，随手摘几片紫苏叶放入开水，即可泡出一杯淡青带紫的紫苏水，若挤入柠檬汁，那一杯水会瞬间幻化成一杯色泽动人的玫红带粉茶水。啜一口紫苏饮，浴着野风，听着蝉鸣，望着远风拂起稻浪，这种时候，就会觉得远离都市的乡居，也是一种很好的生活方式。

　　偶有一年春夏在家久居，千湖之省，野水满塘，正是鱼肥虾美的时节，农家餐桌上几乎天天都有鱼鲜。烹鱼时，偶尔遇到姜蒜葱不足，匆匆跑到菜园边掐一把紫苏，洗净撒入锅中，盛起一尝，那一碗鱼汤称得上鲜美无比。

薄荷

Mentha canadensis

唇形科 / 薄荷属

一枝香草出幽丛，
双蝶飞飞戏晚风。
莫恨村居相识晚，
知名元向楚辞中。

〔宋〕陆游《题画薄荷扇》

从前，薄荷糖是白色沁绿的小方块模样，掰一块入口，清凉。后来，朴实简单的小方块渐渐消失于商品之海，而新生的薄荷糖幻化出无数可爱精巧的变身，令新一代的孩子们患上选择困难症。或者，在物资匮乏时代，那一枚半透明的薄荷糖才显得弥足珍贵，是残留于几代人口腔中的最为鲜明的集体清凉记忆。

《镜花缘》里说"猫以薄荷为酒"，古人明眼观察，早就知道薄荷对猫族独具吸引力。"醉薄荷，扑蝉蛾。主人家，奈鼠何"，活脱脱画出猫主子尽情玩耍的欢乐生活。南宋诗人陆游大概也是猫奴，写过许多首猫诗，"时时醉薄荷"之类的句子屡次出现。只是，古人对植物物种区分并不严谨，猫儿最钟情的猫薄荷，实际上并不是薄荷属植物，而是荆芥（*Nepeta cataria*）。

真正时时醉薄荷的，或者是人类。西方人爱它，薄荷茶是日常茶饮。中国人也不例外，"却愁春梦归吴越，茗饮浓斟薄荷芽"，以薄荷入茗并非现代时尚，早已是历史旧事。只不过，薄荷在古代中国的主要用途不是吃喝，而是入药："神农取辛苦，病客爱清新。寂淡花无色，虚凉药有神。"薄荷那沁人心脾的口感，对于发热咽痛的人来说，无疑是一剂舒缓灼烧之痛的冰雪。

薄荷，可能是中国人最为熟悉的香草植物，二三十年前牙膏口味单一，偏僻农家常用的往往只有一种——留兰香薄荷。其实，留兰香只是薄荷属中的一种，如今薄荷园艺品种众多，柠檬、凤梨、苹果、胡椒，各色口味的薄荷均可自种，随时取用。

喜生湿地的薄荷，好长易栽，如同罗勒，掐下来的嫩茎插土即活。即使没有地，阳台上种一盆薄荷也是很容易的。闻着那沁着馨香的可爱叶片着实是一种享受。

浓斟薄荷茶

123

大麦新炊苜蓿盘，一壶春酒小团栾。

金丹九死生灵命，莫作寻常粝饭看。

〔宋〕钱时《六月六日侄孙辈同食大麦二首·其一》

大 麦

Hordeum vulgare

禾本科 / 大麦属

大麦长在地里的样子，如今就算是长于农家的中国人，只怕也很少见过。这种被栽培已久的古老谷物，虽曾名列为五谷之一，但丰产稻谷的长江流域基本已经不再种植，偶有种麦者，也是一两亩小麦而已。中国种大麦最多的地区，或数青藏高原，只是，高原上映着湛蓝天空、长穗青青、针芒映日的，多数不是原生种大麦，而是它的变种青稞。

当然，大麦并没有从中华大地上消失，只不过它已不再是田地里的主流粮食作物，成为了偶尔食用的杂粮。它还可能改头换面，默默地躲藏在加工食品里，悄悄地进入你的身体。比如说，夏季里那一罐清爽解暑的冰镇啤酒，里面的材料麦芽，有可能来自小麦，有可能源于黑麦，但最为常见的却是大麦借酒还魂，清冽重生。大麦青汁的养生功能或许只是商家有意夸张，但有着浓郁麦香的大麦茶，却是能在夏季与啤酒竞爽的一味清凉饮料。

稻谷在大地上的才艺表演，要从四月才正式开始。懂事的麦子们，将冬天寂野的绿色承包了。大小二麦均耐寒，冬生春长夏收。四月南风大麦黄，阴历的四月正是阳历五月，江南时气和暖，麦熟往往在小满前后。北方成熟稍晚，麦收时常已至芒种时节。芒种，既是种也是收，种下尚未生芒的稻子，收获带芒的茶色麦子。"孟夏之月，靡草死，麦秋至"，稻禾的孟夏，却是麦子的"秋天"。大地之上，青黄相接，人类的饭碗才能一直盛得盈盈满满。

若要问两种麦有何差别，就麦穗来说，大麦穗短，芒须多且长，小麦穗长，芒须稀而短。此外，大麦叶宽而小麦叶窄，虽然都是夏收，实际上小麦方秀大麦黄，小麦要略晚于大麦成熟。

大麦黄满田

青青稻苗长

稻粱二字合成一词，是谷物的总称。民以食为天，吃饱了才有力气顾及远方与诗，才能让爱有所附丽。故而，在古人看来，两肩担一口，全是为了那一张嘴而劳碌奔走。

盛夏最热的七八月，是收早稻播晚稻的双抢时节。在农民工还没有似潮水流向城市淘金的时代，在插秧机收割机还没有开上田埂的时代，农家一年的收入只能指望人力与地力的最大输出。所以，一年两收的双抢，再累再苦也不能不种，因为九月开学，孩子的学费往往全靠卖早稻的收入。稻花香里，蛙声一片，诗境如梦，只是，所有美丽诗行的后边，都潜藏着腰酸背痛的肉身沉重与柴米油盐的现实焦灼。

可是，不得不承认，从春三月到秋十月，用稻来书写肌肤颜色的原野，确实美不胜收。白水满稻陂，新秧纤纤绿，青青稻苗长，千顷稻花香，金粒动秋风。嫩绿、浓青、淡黄、灿金，四时变幻，季风吹过，白水吻过，青涛又拥抱金浪，大米国度的万里田畴，都是稻尽情舒展无边秀色的场所。

在大地之上，稻并不寂寞。牛总是比它先行一步，春雨刚浸湿稻田，老牛就带着犁铧翻出新泥，为它修整出软平肥沃的新床。有时，鹭来与它做伴，新秧下地茎犹小，碧水浅平尚露白，幼小新禾还没能力用身体将水田完全占领，白鹭便时来探访，闲田漫步。等到稻叶青浓遮得田中密不见水，于田间除稗的农人往往能拾出鸟蛋。夏日夜晚，稻花默然抽蕊吐香，身边却夜夜上演蛙的合唱、萤的圆舞，脚下泥中尽是鳝的潜行、虾的漫游。

一顷又一顷的稻田里，孕育着人类的米食，也躲藏着众多生灵。有伤害禾苗的稻虱与蝗虫，也有吮吸人类腿血的蚂蟥，秋日收稻的时候，偶尔会遇见一只可爱的小乌龟，却更有可能抱起一条冰冷滑溜的长蛇。万亩稻田里面，其实，装着整个自然。

稻

Oryza sativa

禾本科 / 稻属

绿波春浪满前陂，
极目连云罢亚肥。
更被鹭鹚千点雪，
破烟来入画屏飞。

〔唐〕韦庄《稻田》

127

大麦成芭小麦深，
秧田水满绿浮针。
今年一饱全无虑，
宽尽归舟去客心。
〔宋〕范成大《寺庄》

普通小麦
Triticum aestivum
禾本科 / 小麦属

128

小学三年级的时候，语文老师在学校旁边的荒地上开出两三分地，放学路上时常见他在上面锄翻犁铲，等那一小块地耘平，他为一众学生布置下家庭作业：每人带一把小麦上学。次日清晨，深雾重重，露水濡地，而二十几个懵懂顽童，就嬉闹着按吩咐用手挖出一个个小窝，撒下小麦种子。

秋深冬至，小麦萌生，由稀稀拉拉到渐渐长齐。春来开学，孩子们纷纷跑去看它那绿油油的青青一畦，虽然农家孩子早就对麦地稻田司空见惯，不知怎的，这一点绿麦却让他们涌起一点为己所种、归我所有的自豪感。最后，麦子去了哪里？应该是一个初夏的午后，教室变成了打麦场，每个孩子抱着分得的一抱麦穗，对着课桌奋力击打，尽全力让成熟的麦粒颗粒滚落在地面上。那一点点小小的麦子收成，最后成了班级旅游经费，成了照片里的映山红和童年记忆。

如果，每一种植物都曾关联着人类的记忆，你的小麦记忆长什么样子？是少不识麦而误当成韭菜，还是火车穿过华北平原时看到的平畴万里麦浪无际？科技日新，人类离植物越来越远，新生代的孩子，即便生在农家，也开始五谷不分，因为机械化的耕作已不再需要幼小的劳力上场助阵。

然而，再先进的时代，也依旧需要一位能带着孩子体验植物由播种到收获全过程的老师，才能在吃着由百变小麦制造出来的面条、馒头、面包、披萨的时候，能笑着想起它们在旱地里生长时，雪卧麦苗青，风吹针芒齐，郁郁葱葱麦芒如箭、金穗沉甸的样子。

无论生长在哪块土地、哪个季节，脱去麦色外皮的小麦，都以脲白细腻的面粉，以富于弹性的面筋蛋白，让不同疆域不同肤色的人都享受到了它无比慷慨的生命馈赠。

大豆，古人常称之为菽，且不嫌繁琐，菽之角、叶、茎各有其名：角名荚，叶名藿，茎名萁。故而曹子建名垂千古的七步诗里，煮豆，漉菽，燃萁，都是大豆自己在为难自己。旧时五谷，说法有二：一说为稻、黍、稷、麦、菽，另一说为麻、黍、稷、麦、菽。无论何种说法，大豆均名列其中，自古以来，它就是惠及华夏苍生的佳蔬美物。

菽字，其实严格来说是豆类的统称。所以，《天工开物》里说"菽种类之多，与稻黍相等……果腹之功在人日用，盖与饮食上终始"，菽之名下，既有堪为杂粮的大豆、赤小豆、绿豆之类，又有扁豆、豇豆等物，难怪四季相承，轮番上阵，始终在人类餐桌上拥有一席之地。

古人都知道"一种大豆，有黑黄两色"，然而现代人因为惯于将大豆称为黄豆，常常误以为黑豆是另一个物种。其实这道题古人做对了，黑豆的确也是大豆，只不过皮肤黑了一点而已。不仅黑豆黄豆是同一种，大豆的皮肤还有相对罕见的青棕褐赤。所以，严格来说，叫黄豆完全是不科学的偏心眼儿。

清明前后，黄豆下种。盛夏七八月，豆荚成时兔正肥，正是吃毛豆的好时节。将遍角生毛的大豆荚剪去两端尖角，与八角、桂皮各类香料同煮，调以酱、醋、盐，就是消暑下粥的一道清爽夏菜。毛豆是名副其实的时令蔬菜，骄阳暴晒下，黄绿豆荚旋即转枯，青色豆子收紧变硬，就只能及时割回豆萁，摊在禾场，舞起连枷，收获一堆泛着光泽的黄豆。

接下来，面对着耐久藏的大豆，中国人需要考虑的问题还有很多：发豆芽，做豆酱，磨豆浆，打豆腐，榨豆油……或者干脆偷懒，一把豆子泡发了，与猪脚同炖，就是一碗好汤。

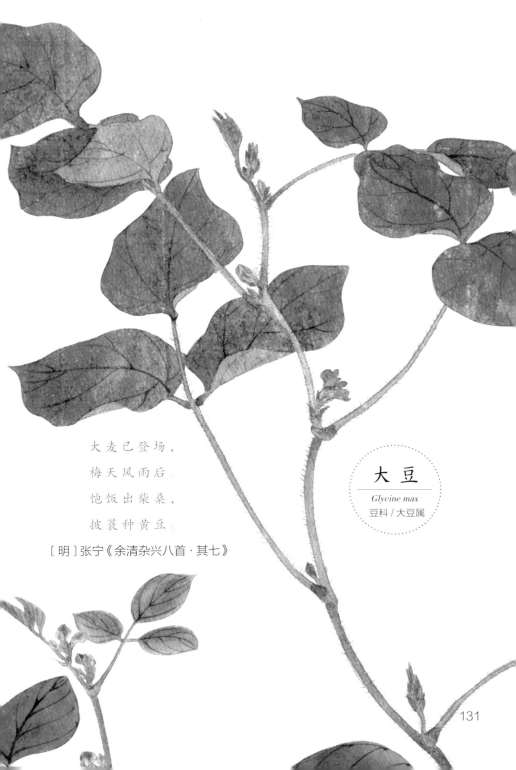

大麦已登场，

梅天风雨后。

饱饭出柴桑，

披蓑种黄豆。

〔明〕张宁《余清杂兴八首·其七》

大 豆

Glycine max

豆科 / 大豆属

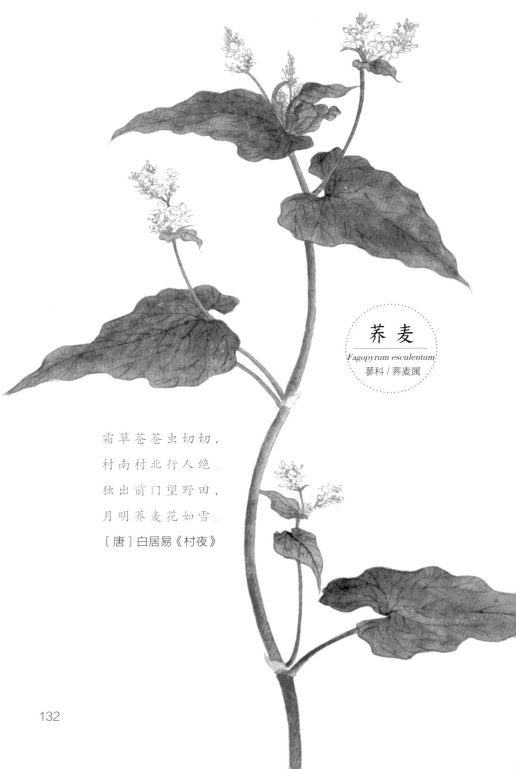

荞 麦

Fagopyrum esculentum

蓼科 / 荞麦属

霜草苍苍虫切切，

村南村北行人绝。

独出前门望野田，

月明荞麦花如雪。

〔唐〕白居易《村夜》

荞麦面是日本人常食之物，在日本影视中，常见人手拿一个小小的猪口杯，夹一筷浸一浸汤汁，吸溜吸溜地吃完，然后露出一副味美无比的幸福表情。

然而，在曾经开尽一川荞麦花、广泛种植荞麦的中国，荞麦已沦为杂粮之末，虽然超市货架也会有荞麦挂面或荞麦粒出售，但相对于日本荞麦面的大众化，荞麦除在西北地区的饭桌上时常现身，在中国其他地域的居民厨房乃至餐馆食府，相对罕见。

虽有麦名，但荞麦并不和稻麦一样属于禾本科，而是蓼科植物，没有禾本植物的带状长叶，而长着卵状的三角形叶片。不像稻花那般低调，荞麦花开，清雅纤秀，遍地铺雪，蔚成诗境，所以常见于诗人笔端，"棠梨叶落胭脂色，荞麦花开白雪香"。不过，荞麦花色并非仅白色一种，亦有淡红，花开之时，漫田覆粉，也很美丽。

生长周期短暂的荞麦，快种快收，两三个月即可收获。即便是并不宜于荞麦生长的江南，古文献里也曾记载上海县"荞麦立秋前后下种，八九月收刈"。灾荒之年，如果遇上作物歉收，"来牟不复歌丰岁，荞麦犹能救歉年"，可以补种一季荞麦以做补救。种植既广，古人笔下才会时不时出现"风吹荞麦蜜花香"之类的诗句，如雪荞麦频繁出没。

年少时读《平凡的世界》，很好奇孙少安兄弟俩一口气吃了八碗的饸饹是何种美食。后来才发现，原来饸饹源远流长，是古已有之的荞麦制品："或作汤饼，谓之河漏。"其实西北人民在吃荞麦上花样众多，除了沿袭古风的饸饹，荞麦馒头、荞麦饭、荞麦凉粉都很常见。甚至脱下来的荞麦壳，也废物利用，充作了枕芯。

燕麦摇春风

查阅古文献，会发现燕麦、兔葵常常携手同行，实际上诗文里的燕麦多半已非实景，只是用典。典故主角刘禹锡，昔年曾见"玄都观里桃千树"，多年后重游，则桃已荡然无存，唯兔葵燕麦动摇春风。从此，凡要表达旧地重游、人物皆非的沧桑，兔葵燕麦总免不了要作为代表出场致辞，"桃花梦破刘郎老，燕麦摇风别是春"。

房子庭院等诸般人为营造的场所，一旦人迹罕至，立显颓败，墙倾垣断，渐成废墟，蛇兽出没，野草杂生。"二十年来院落空，兔葵燕麦竞为容"，倒可能是如假包换的写实，因为燕麦原本为野生逸草，"前人废苑莺花尽，荒台燕麦生"是自然而然之事。

从前，中国人除非遇到饥馑，日常饮食一般并不吃燕麦，吃燕麦的是燕子、麻雀，"因燕雀所食，故名燕麦"，因此又名雀麦或野麦。存在于诗文里的燕麦，几乎全指代着人烟凋零一片荒芜，而非在赞美人间烟火盘中食物。

燕麦果实小又难以除皮，在纯手工的时代，春来春去，费尽力气只怕也只能得到一堆带着麸皮的粗粉。口感欠佳，富贵闲人自然不愿食用，连穷苦人家也觉得难于下咽。即便是在燕麦作为低糖高营养的养生健康食品强推的今天，机器轧制出来的燕麦片，雪白粉质带着麦色外皮，看起来很诱人，但许多人以燕麦片当早餐，连吃三四天，也会开始抱怨口味寡淡，难以为继。在健康与美味之间，究竟选择谁？

倒也不是没有别的选择。西北菜馆里常见的莜面鱼鱼，实际上就是用燕麦属植物莜麦（*Avena chinensis*）所制成。莜麦虽不如小麦千变万化，但作为中国燕麦，它衍生出来的莜面、莜面窝窝，应该都与中国胃更为匹配。

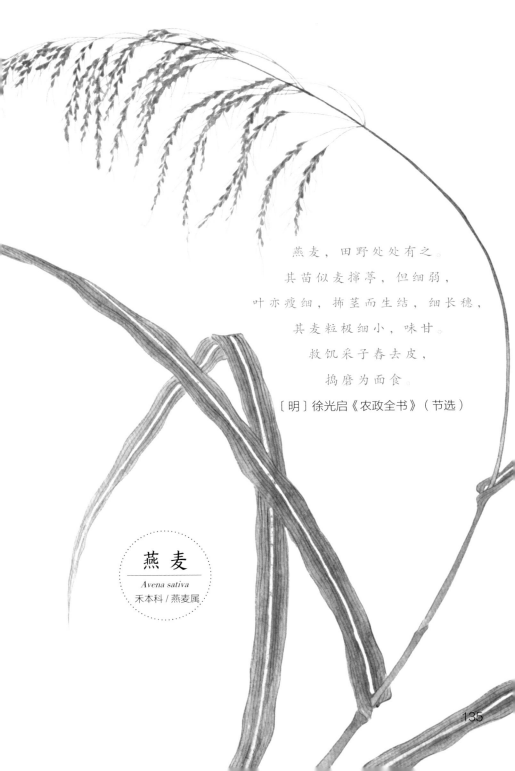

燕麦，田野处处有之。

其苗似麦揰葶，但细弱，

叶亦瘦细，拂茎而生结，细长穗，

其麦粒极细小，味甘。

救饥采子舂去皮，

捣磨为面食。

〔明〕徐光启《农政全书》（节选）

燕 麦

Avena sativa

禾本科 / 燕麦属

玉蜀黍

Zea mays

禾本科 / 玉蜀黍属

玉蜀黍，种出西土，苗心别出一苞，
如棕鱼，久则苞拆子出，点茶香美异常。

〔清〕《古今图书集成·江宁府物产考》（节选）

　　不管是俗名玉米，还是古称玉蜀黍，一个玉字，如珍似宝，道尽了中国人对于这种外来植物的情有独钟。比起早在汉朝时代就拿到中华身份证的黄瓜、芝麻，新移民玉米在中国定居并不算久，数百年而已。如果你在汉宫戏、唐宋剧里看到古人正啃着一根玉米棒，大可以取笑编剧没文化，因为玉米进入中国的时间点，应该正值明代。惜秦皇汉武，未见玉米，唐宗宋祖，无此口福。

　　玉米的别名几乎囊括了五谷，如包谷、苞米、御麦、戎菽、玉高粱、珍珠米、粟米等等。而它，确实也不负五谷之名。且不提最寻常的蒸煮玉米棒子，十根手指也许都数不完中国人用玉米玩出的花样：玉米粉虽然没黏性，但和小麦粉组合，蒸馒头、烙饼，风味倍增；玉米糁子熬成粥，绵软清甜；柴火灶大铁锅边沿贴一围玉米饼，焦香；小孩子进电影院，一定要抱一桶爆玉米花才觉得是观影正道；玉米须泡茶据说养生；嫩玉米笋炒出来鲜甜爽口；还有自带甜香的纯天然饮料玉米汁……

　　虽说玉蜀黍属仅有玉米一个物种，但在栽培育种上，它被人类催生出多个变身。为了满足不同的食用需求与口感喜好，甜玉米、糯玉米、不甜不糯的普通玉米，均有。连皮色也变得多样，金黄、米白、珠黑、紫赤，以及双色或多色玉米，力求让自己色香味俱全，尽善尽美。

　　玉米最值得赞美的品性，应是它平易近"土"，无论在中国哪一块土地，似乎都能开开心心地用须根紧紧扎于地面，快快长大，抽出完美的圆锥形果苞，然后乐呵呵地向人类奉献出颗颗攒簇、闪耀着珍珠色泽的可口籽粒。

茶甘留齿颊

茶树，以叶之美而得享盛名。数枚叶芽，几把旗枪，加上中国人数千年的实践智慧，那些呼吸着山间雾气、原上清芬，独得天地之英华的茶叶，不管叶片是小是大，都在制茶人的妙手之中，烘蒸炒揉渥晒，在不同的制作工艺下，幻化成不同类别的茶，白黄绿青红黑，六色竞秀，绝品无数。白毫银针、霍山黄芽、西湖龙井、正山小种、云南普洱、凤凰单丛，总有一款会成为中国爱茶人的心头好。

叶是巨星，花却寂寞。许多人并不知道，自仲秋至早春，在令人们迷恋无比的茶叶腋间，会悄然开出小小的花朵，白花黄蕊，衬着那一树绿芽青叶，沐着茶田山野的轻霭，淡淡妆天然样，清雅绝伦。古人说"茶实嘉木英，其香乃天育"，可纵是天育，终需人工。如果不是中国人别具巧思，将之萎凋杀青，再按需揉捻渥堆蒸压，甚至在数千年间不断摸索茶叶冲饮之道，烹煮煎泡冲，练成茶道工夫，也许茶依旧只是山间的寻常野木一棵。人类也不会即使身困于水泥丛林之间，仍能从一杯清茶里，感受到人在草木间，如返自然，如脱樊篱。茶与中国人，何尝不是一种相互成就、相互拯救？

柴米油盐酱醋茶，茶也是生活，茶里更有悲欢离合。陆游的"晴窗细乳戏分茶"，是偏安江南的岁月静好。纳兰性德的"赌书消得泼茶香"，却是生离死别后的"当时只道是寻常"。至于白居易的"前月浮梁买茶去"，则是嫁为商人妇琴瑟失调的一腔幽怨。

虽然在世俗世界里，茶有等级之分，但又何必理它。"书如香色倦犹爱，茶似苦言终有情"，不如，听苏东坡的话，捧一本好书，"且将新火试新茶。诗酒趁年华"。

茶

Camellia sinensis

山茶科/山茶属

石碾轻飞瑟瑟尘，乳花烹出建溪春。

世间绝品人难识，闲对茶经忆古人。

〔宋〕林逋《监郡吴殿丞惠以笔墨建茶各吟一绝谢之·茶》

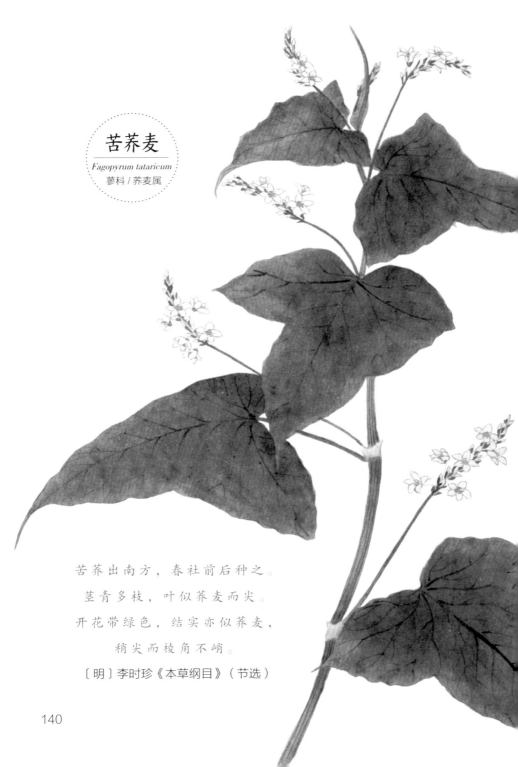

苦荞麦

Fagopyrum tataricum

蓼科 / 荞麦属

苦荞出南方，春社前后种之。
茎青多枝，叶似荞麦而尖。
开花带绿色，结实亦似荞麦，
稍尖而棱角不峭。

〔明〕李时珍《本草纲目》（节选）

苦荞茶香飘

许多人因餐饮店随意奉上的一盏飘着异香的奇怪的茶，而与苦荞麦结缘。在爱它的人看来，苦荞麦溢着半焦的米香，饮之余甘满口，全无苦味，是以对于它名字中的那个苦字，着实难以理解。

且看一下古人的吃法，李时珍说"其味苦恶，农家磨捣为粉，蒸使气馏滴去，黄汁乃可作为糕饵"，苦荞麦原本就非禾本，作为蓼科植物，长着三角叶片，开着纤白淡粉的总状花，严格来说算不上粮食。在被称为甜荞的同属植物荞麦的光芒掩盖下，它就更难在粮食界排上座次。饥年救荒，苦荞这种临时拉来济荒的"谷之下者"自然不可能做到粗粮精吃，简单粗糙地磨粉蒸糕，就着因为饥荒而更显悲苦的心境咽下，味道清苦，自是必然。

虽然古时荞麦比苦荞更有人气，但今日它们各有各的战场。荞麦以面的形式征服了一大群人，而苦荞麦专攻饮品领域，苦荞茶的知名度与普及率，并不逊于荞麦面。

然而，在商家或真实或夸大的宣传里，苦荞的养生疗愈功能似乎正在被不停放大。这种原产于中国北方，古时曾被冠以古代少数民族之名的鞑靼蓼，俨然已成为对付三高都市病的"三降食品"。养生效能或许有之，但商家将它推为"五谷之王"绝对是过誉。五谷杂粮养生之说，本来就是劝世人注意食品多样化，不能只认准精米一种。

作为爱吃好喝的普通人，与其迷信养生功能，不如相信自己的舌头。如果苦荞茶那一缕甘香确实合你的口味，那它就是属于你的那杯茶。你也大可以去找一找市场少见的苦荞粉、苦荞面，或在大米里混一把苦荞麦粒，亲自验证一下古人所言的"苦恶"滋味，是否真实。

甘瓜开蜜筒

在甜瓜这个物种名下，经人类之手，培育出繁多变种。每年盛暑，瓜熟蒂落的甜瓜家族倾巢出动，外形或长或圆或完美卵形，皮色或金黄或雪白或青润或带着条纹，无论是厚皮一系，还是薄皮一族，均在瓜果摊上互不相让，争甜竞蜜。

如果你曾看过刘绍棠的《蒲柳人家》，看他写何满子偷瓜，爬进瓜垄，瓜叶沙沙，西瓜面瓜甜瓜，吃个肚儿圆，一定会读得口舌生津，馋涎欲滴。甜瓜喜光，少雨常晴的北方本是甜瓜宜长之地，无怪乎生于京郊的刘绍棠笔下，永远搭着一架瓜棚，卧着几亩好瓜。

中国种瓜食瓜由来已久，自《诗经》时代的"七月食瓜，八月断壶"开始，一路吃到了今天。每年夏天，或浮甘瓜于清泉，或浸香瓜于寒井，无论身在何地，无论采用哪种天然冰镇大法，总能享受到一份"熨齿甘瓜冷，流匙香粒匀"的清凉甘甜。

作为想吃的时候就随时跑到自家菜园里去摸几个瓜回来的乡下娃，至今依旧觉得平生所遇的最美甜瓜，不是都市货架里标价昂贵的进口甜瓜，也不是举国闻名的网纹哈密瓜，而是自家菜地里那一地如拳大而浑圆，青中泛白、皮薄肉润的不知品种香瓜。烈日之下摘回来，瓜皮还带着灼烫手感，汲一点井水入盆，将瓜轻轻放入，过一刻钟再取出来，灼热已散，触手生凉，削皮后连剖开也不必，如啃苹果一般一口一口、连瓜瓤带瓜子囫囵吞下，最是畅快解渴。

最好的夏天应该长什么样子呢？看到古人写的散曲"庭院雅，闹蜂衙，开尽海榴无数花。剖甘瓜，点嫩茶。笋指韶华，又过了今年夏"，在高楼大厦里吹着冷气的我，竟忽感意难平。

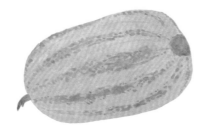

夏肤粗已皴，

秋蒂熟将脱。

不辞抱蔓归，

聊慰相如渴。

〔宋〕范成大《甘瓜》

甜 瓜

Cucumis melo

葫芦科 / 黄瓜属

西瓜沁齿凉

英文名为 watermelon 的西瓜，其体重的九成有余，均为水。然而，许多人都觉得：一到夏天，这种身体全是水的瓜儿无疑就是自己的半条命。渴了饿了，抱着半个西瓜，一只钢勺在手，自最甜的瓜心开始下勺，浅旋深挖，茹红瓤，饮朱汁，吃下的颜色虽然热烈，触喉的却是沁体的清凉。

然而，这样的豪放派吃法，生于物产丰富、瓜价亲民国度的中国人可以做到，邻居日本人就只能望洋兴叹。日本的西瓜虽然追求形式美，造型上推陈出新，故意拗出方形、心形等非自然形状，价格却也居高不下。西瓜这种中国寻常人家消暑度夏的常见之物，在日本俨然成为奢侈水果。对比之下，还是生在中国更容易吃得幸福。

西瓜原产非洲，几经辗转，漂洋过海，来到亚洲。虽然抵达中土的时间点颇有争议，但这并不重要。中国已成为世界数一数二的西瓜产地，品种浩繁，皮色多样，瓤分红黄，北国夏季丰产，南国四时皆有。在夏日炎炎之际，若想吃一口沁凉西瓜，不需要顾念阮囊羞涩，随时可抱一颗回家。

日本人也许喜欢与众不同的方形西瓜，但中国古人却喜欢西瓜的浑圆模样。清代许多地方府志里都曾记载中秋节设西瓜、月饼供月的习俗，"登楼玩月，多用西瓜、团饼，亦取月圆之义"。其实，西瓜甜瓜皆生冷寒凉，按李时珍的说法"醍醐灌顶，甘露洒心，取其一时之快。不知其伤脾助湿之害也"，故中国有"秋后不食瓜"的旧谚。清人中秋所备的西瓜，已不复是食品而纯为供品了。今日华南地区犹存古意，中秋喜果饼同桌，只是用同样圆乎乎的蜜柚代替了西瓜。

西瓜虽好，吐籽麻烦，所以无籽西瓜越来越受欢迎。可是，如果世上所有的西瓜都没了籽，爱吃香喷喷炒西瓜子的人应该也会很苦恼，故中国还有专门的籽用西瓜。对待西瓜，中国人可谓做到了吃干抹净式的压榨。不信？看看餐桌上，往往还有一盘凉拌西瓜皮。

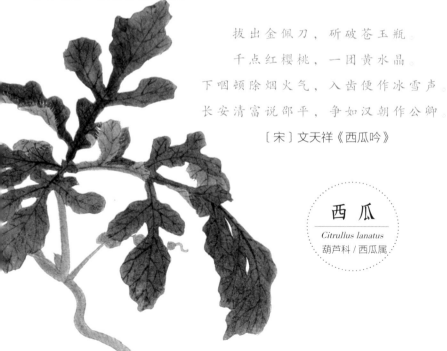

拔出金佩刀，斫破苍玉瓶。

千点红樱桃，一团黄水晶。

下咽顿除烟火气，入齿便作冰雪声。

长安清富说邵平，争如汉朝作公卿。

〔宋〕文天祥《西瓜吟》

西 瓜

Citrullus lanatus

葫芦科 / 西瓜属

145

剥落核桃皴

核桃来自古时边疆的胡羌异域，所以别称是羌桃，正式的中文名是胡桃。奈何它果肉之外的那层外皮布满桃核一样的皱皱，形象深入人心，人们更爱叫它核桃。说起来，核桃沟壑纵横的那层木质化外皮，确实是它的核皮，而非果皮。

吃过鲜核桃的人都知道，在这层宛如大脑组织的核皮外边，还包裹着一层肉质厚厚的光滑青色果皮外衣。鲜核桃虽有着不同于干核桃的别样美味，但为它"脱衣服"之时，果皮汁液常会沁入皮肤里，氧化后染得十指尽为乌黑，"剥核手无肤"，着实狼狈。

核桃果实生于树上，日子到了，青色果皮转为枯褐，自然而然就会开裂露出常见的干核桃模样。若是家中庭院场地够大，核桃树龄可达百年以上，任性生长，动辄高二十米有余。

碧露枝枝重，
青苞颗颗匀。
叶深初覆夏，
花弱不禁春。
核隐龟筒小，
浆凝密积新。
向来谁致汝，
吾欲恨平津。

〔元〕刘崧《北平十二咏·其一（胡桃）》

在讲究以形补形的中国，核桃常被称誉为补脑神果。干果甘香，往往香在油脂，不一定能助长脑内灰色小细胞，热量倒一定很高。

都说当代中年大叔喜戴珠串，实际上还有一群中国大老爷们爱玩核桃，美其名曰文玩核桃。"搓手胡桃核，熏笼栗子花"，这玩弄核桃的喜好，早已有之，嘟嘟当当响个不停地揉来弄去，如此玩法，到底文不文，看客们见仁见智吧。

紫角菱实肥

被视为掌上明珠的甄府小姐英莲，流落到了薛府，变成了小妾香菱。莲、菱皆为水生植物，所以香菱的判词，第一句即为"根并荷花一茎香"。然而，莲以硕大藕根牢牢扎根泥中，直立亭亭，菱却浮水而生，纵有丝状细根着泥而生，但根缘轻浅，终不免有漂浮之恨。莲、菱两物，又何尝不是香菱身世写照。

又名水栗子（英文名为 water chestnut）的菱被中国人采食多年，在水域众多的两湖与江南，夏秋食菱自是常事，"家家麦饭美，处处菱歌长"的采菱盛景已经延续了几千年。但在植物学里，不管是两角的乌菱（*Trapa bicornis*）还是无角的南湖菱（*Trapa acornis*），如今都被统一归于欧菱（*Trapa natans*）名下。这个欧字，让年年岁岁齐唱采菱歌、争食塘菱角的中国人尤其是江南人看了，多少会感觉有点受伤。

藕花菱角满池塘的旖旎湖景，入诗固然美极，到得现实中，挖藕与采菱却都是很辛苦的农活。民生从来不易，但江南湖农对着那菱透浮萍绿锦池的湖上美景，心情或许会比面朝黄土背朝天的田中老农要略好一点。

五六月间，莹白菱花静悄悄地昼合夜开，而由夏七月至深秋，则是塘果青菱称雄江南食案的时节，嫩果生吃清甜多汁，老果煮熟粉香软糯，江南人过的日子，或许真是白居易笔下的"嫩剥青菱角，浓煎白茗芽"。

若你到过江南，到过余光中春天想起就念念不已的"多莲的湖，多菱的湖，多螃蟹的湖，多湖的江南"，看到一池碧水细风生，看到半塘香蒲叶如带，看到紫菱成角莲子大，只怕也会如苏轼一般，想着"余生寄叶舟，只将菱角与鸡头，更有月明千顷一时留"。

柄似蟾蜍股样肥，叶如蝴蝶翼相羌。

蟾蜍翘立蝶飞起，便是菱花著子时。

[宋] 杨万里《菱沼》

赤日中天朝恳挚，秋风落叶立清道。

齐桓不喜葵瓜子，肯会诸侯到尔丘？

〔现代〕聂绀弩《过刈后向日葵地》（节选）

向日葵

Helianthus annuus

菊科／向日葵属

某年八月，在沈阳郊区的公路上，自车窗望去，忽见连绵一里有余的向日葵田，灿金耀日，遍地泛彩。实在太过惊艳，忍不住在田边小屋旁停车相询，葵农夫妻笑脸相迎，谈锋甚劲。原来那漫成花海的葵田均为其所有，收的葵花籽专供榨油。同行少女冲入田间意欲与花合影，又很快惨叫折回，却是发现挨近脸庞的硕大花盘上竟有青虫出没，葵农笑着解释是因为没有喷施农药，再指一指身旁的中年男人："他家的蜜蜂正在采蜜呢。"

故乡乡邻偶也种植向日葵，秋来所收无几，近半都是空壳。村中小学生现学现卖课本知识："老师说向日葵要人工授粉。"对于将花盘两两相对摩挲授粉的孩童建议，祖母们并不当真，自顾自得出结论："这东西不适合我们这里，明年不种。"

花大色艳的向日葵，授粉周期漫长，以人工之力自是无法应付那百亩规模的葵花，是以葵农与蜂农才结下互惠互利的采蜜授粉盟约，让嗡嗡蜜蜂与灼灼葵花共舞于夏风烈日之中。等到秋来，蜂农坐拥香醇甘甜、蜜汁流泻的向日葵蜜，葵农则收获数不胜数的灰黑色矩卵形葵花籽。

葵花籽流向人间，一经炒制，以五香、原味、奶油、核桃、焦糖等诸般风味俘虏了中国人，成为瓜子界的主角，迅速将在中国存在已久的南瓜子、吊瓜子挤出瓜子舞台的中心，将比它早到几百年的西瓜子排挤成边缘人物。甚至，若单称瓜子，俨然就专指葵花籽。为了吃瓜子，中国人还练就了一番足以称霸世界的嗑瓜子绝技，让丰子恺、梁实秋都写文章慨叹不已。如果，在中国人门牙中间发现一道浅凹，那极有可能正是瓜子在齿间刻下的勋章。

倾心向日葵

秋风榛子熟

因为榛、橡、栗诸般干果常常并列，一直以来常误以为榛树是高大乔木，直到某次来到辽宁铁岭一座小山头，立于黄绿山地野草杂木间，看一排高大的电力风车栽于山岭，白影映着蓝天澄澈，沐着山风，正感舒畅，有人自身畔齐腰高的野灌木上摘下果实递过来。捏于指尖看一眼，竟然是榛子。

与榛的邂逅，纠正了我观念上的错误：榛虽然最高可长到数米，但在野外更常见的状态却是一两米的灌木。难怪古人的句子里，"老圃半榛茨，荆榛翳阡陌"，榛总是与茨棘、荆条之类的杂草灌木同行。榛原是古木，"山有榛，隰有苓。云谁之思？西方美人"，《诗经》里许多句子中都有它。认识榛子的人很多，认识榛树的人却很少。如若不是正逢果季遇到它，素昧平生地与榛相逢于异乡山野，肯定没办法单凭宽卵形、带着清晰纹脉的叶片认出榛树来。

即便春季花期遇到榛，恐亦难认出。榛的雄雌花序生得不同，雄花菜荑状，长条如穗，黄褐色，下垂，一点也不美丽，倒是比较惹人注目。雌花长于树芽尖上，小小的红色须状，并不起眼。春花开时，往往叶尚未长出。和榛不熟的人，遇到了只怕也要当它是枯木一株。

与皮薄肉厚更为大众化的板栗相比，榛子壳厚而肉少，虽然芳香宜人，吃起来却很是费事。或因如此，榛子也成了食品里的添香增味之物，榛子风味的巧克力就极受欢迎。

东北山多林深，以坚果为食的松鼠常将榛、橡诸果埋于地下储藏。精明的松鼠总会准备多于需求的食物，那些吃不完的榛子就在土壤中安静过冬，待来年春到，它们便一窝窝地发出新芽。经年之后，它们又成为了丛林里的茂盛野榛。

榛

Corylus heterophylla

桦木科 / 榛属

微物生山泽，萧条荆棘邻。

何人掇秋实，此日待嘉宾。

虽无木桃赠，投此寄情亲。

〔宋〕司马光《席上赋得榛》

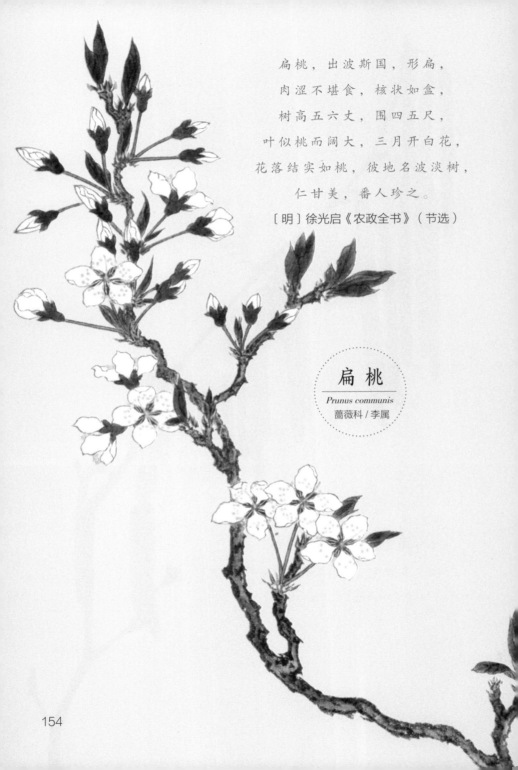

扁桃，出波斯国，形扁，
肉涩不堪食，核状如盒，
树高五六丈，围四五尺，
叶似桃而阔大，三月开白花，
花落结实如桃，彼地名波淡树，
仁甘美，番人珍之。

〔明〕徐光启《农政全书》（节选）

扁桃

Prunus communis

蔷薇科 / 李属

154

说起扁桃，许多人会茫然不知所指。若改称巴旦木，大抵就会恍然大悟。这种市面上常见的零食有时也被称为巴旦杏，更有甚者误以为它与美国大杏仁同为一物。其实这种为许多人所钟爱的果仁，与杏无关，而是来自扁桃。

扁桃，乔木或灌木，株高三至六米。三四月叶片尚未上枝，白中带轻粉，与桃花略似的轻盈花朵先行盛开，夏秋时分扁平的长卵形果实熟透，果皮会自然裂开，露出果核。如若采食扁桃果实，则肉薄味涩并不中吃，可是人类岂会如此轻易地被扁桃的小伎俩瞒骗糊弄，很快就发现好吃的不是果肉，而是种仁，"仁甘美，番人珍之"，自古至今，采食不休。

这种被认为来自波斯国的"波淡树""婆淡"，在唐时因为"状如桃子而形偏，故谓之偏桃"，到了徐光启写《农政全书》的明代，明显属于别字的偏字，就已经纠正成扁了。"波淡""婆淡"二名，一听就觉耳熟，因为它与巴旦、八担或八达等一样，都是波斯语的译音。然而，在明清时代，巴旦杏与扁桃两个名字尚未合于一体，人们也常将之分别视为两种植物，《直省志书》里记载"咸宁县物产桃，有甘核者名巴旦桃，又有扁桃、李光桃味佳"。

甚至，古文献里的扁桃也不一定都是指"叶似桃而阔大，三月开白花"的巴旦木，清代《广州府物产考》里记载的"扁桃，如桃而扁，色青味甘"中果色青而果肉甜的扁桃，很可能是指别称也为扁桃的漆树科杧果属植物天桃木（*Mangifera persiciforma*）。

扁桃自古波斯传入中国后，人人都欣赏它壳薄而仁甘美。从明清文献上来看，不仅关西诸土皆有，连湖北咸宁也丰产。但无论古今，一如李时珍所说，"巴旦杏，出回回旧地"，扁桃都以新疆栽培最多，品质也最佳。

扁桃仁甘美

榧香千丈雪

　　林姑娘春困发幽情，午睡醒来念一句禁书《西厢记》里的"每日家情思睡昏昏"，偏被贾宝玉听见了，面对黛玉的遮掩，宝玉笑道："给你个榧子吃！我都听见了。"这句随口而说的话，令人读了多不解，后人有各种解释。或者，正如故乡乡民爱以戏谑口吻说"给你吃个栗拐"，榧栗同效，均是双指叠架，轻弹脑门的亲昵惩罚小动作。

　　黛玉姑娘也许并没有吃到那记榧子，苏轼却一定吃过榧子这种果子，还赞它"彼美玉山果，粲为金盘实"。自称馋嘴的张岱在《陶庵梦忆》里回味无穷地历数各地美味方物，说"嵊则蕨粉、细榧、龙游糖"。嵊，在浙江。时至今日，江浙皖一带，仍是榧实的主要产地，浙江香榧更是名闻天下。

　　榧树高大，可高达二十余米而且高寿。榧之树龄，可达数百年。或因寿长，生长缓慢，若由种子开始，只怕种树的人已老，树上的果实仍未结。

　　最令性急的人类崩溃的是，裸子植物榧，不仅长得慢，结果晚，而且每一次开"花"结"果"都不慌不忙。种一株榧树，好不容易等到花开，但望着四五月开出的"花朵"，千万别指望当年就能吃到小嚼清香盈满口的榧仁。若按古时三年一采的说法，第二年也还不行，要到第三年夏秋时分，那朵历经三个春夏的花朵，才能修成正果。一株树上，常绿光润的针形枝叶，或青白或紫褐的卵圆种子，同枝竞秀，开着花儿结着果，果儿还青生紫熟，几代同堂，其乐融融。

　　生长缓慢的榧树，枝干是制作家具的良木，在苏东坡的诗里，先吃甘美的榧实，再将榧木"斫为君倚几，滑净不容削"，将榧的好处利用得非常彻底。

156

味甘宣郡蜂雏蜜，韵胜雍城骆乳酥。

一点生春流齿颊，十年飞梦绕江湖。

〔宋〕何坦《蜂儿榧》

榧 树

Torreya grandis

红豆杉科 / 榧属

157

新凉喜见栗，物色近重阳。
兔子成毫紫，鹅儿脱壳黄。
寒宵蒸食暖，饥晓嚼来香。
风味山家好，蹲鸱得共尝。

〔宋〕舒岳祥《初食栗》

栗

Castanea mollissima
壳斗科 / 栗属

小时候读湖北省民间故事集，许多传说均与动植物有关。关于板栗的几篇，无一例外，都逃不脱神仙惩罚或贪心或懒惰凡人的叙事窠臼。没关系，小孩儿就是爱看这一种神幻故事，然后，合上书叹一声：原来板栗果实上丛生的刺手猬甲、果仁上难以剥除的细细绒毛，都是前人自作孽啊。

　　板栗在故乡常见，村落附近常有板栗园。园主收获之后，晚熟的果实留在枝头自熟自落，也一任乡邻自行拾拾。大概采摘是人类的原始本能，拾板栗这个事，全村人都喜欢做，但也知道适可而止，纵使园主默许，村人也至多去上两次。

　　择一个阳光晴好的秋日，全村妇孺倾巢而动，步入渐见萧瑟落叶覆地的板栗林中。栗树高大，枝上取果自是麻烦，不如自脚下土地上翻叶细寻，如同春日采菇，时不时会有意外惊喜。偶尔会有孩童尖叫，那是因为鞋底太薄，竟被栗壳刺穿。虽然受了点脚底被刺的小惊吓，但更多的却是发现一枚栗果的大惊喜：一颗带刺的毛栗子剥开来，中间扁两边圆，一举得三，收获三粒皮色红褐、闪着光泽的栗子。

　　及至后来，遇到许多从未见过栗树的异乡人，才发现原来并非所有人都知道：往往两三枚栗子一起藏身于一个刺球之中。听到真相的人总会失声大叫："板栗已经很难除皮褪毛，居然还有一层刺壳！想吃它太不容易！"的确，"外刺同芡苞"的板栗，要吃到它"中黄比玉质"的果仁，当真不容易。

　　秋风起，新栗上市，都市街头的板栗店前往往排起长队。新鲜出炉的炒栗子，用指甲一劈，栗壳应声而裂，露出嫩黄栗仁，整个秋天都因这一口而变得格外明亮。

楂果山里红

春天，华南的朋友去了北方，在路畔拍到一树繁花，白英堆雪，耀眼夺目，发图来问询是什么树。春三四月的蔷薇科树木，花开往往近似，在没有单花特写的图片里，尤其难于辨认。待叶子的大头照发来后，那羽状多裂的三角卵形或菱形叶子一目了然，原来是山楂。

故乡地处华中，人家房前屋后罕植山楂，但野间田埂上，从前常有野山楂，村人呼之为"羊枞子"，后来才知道这竟是古称。羊枞子低低矮矮地长在灌木丛中，秋来挂出簇成一堆的赤红小小球果，摘一粒，尝一口，籽多肉少且极酸。连顽童也不采食的野山楂果，那一点红珠，很快就被鸟雀发现，路过时看一眼，总能发现果皮上有鸟喙的啄痕。这种被鸟衔来的生命，终将又被鸟带往另一片天地。

原生山楂几经改良，偏甜偏酸的品种都有。其中一个变种直接用了山楂的别名当官名，称作山里红（*Crataegus pinnatifida var. Major*）。当然，这仅是植物学界的科学称谓，在民间，山楂与山里红依旧时而彼此混淆，时而同指一体。变种山楂，红果更大，肉质更厚，作为冰糖葫芦的首选材料，视觉温暖，口感香甜，是春节宣传视频里时常出镜的一串火红喜气。

有一回，秋十月，在煦暖阳光下，边啃着一串冰糖山楂，边看着秋色。一口下去，余光所及，总觉得不对。定睛一看，被牙齿掀走果壳上部的另一半山楂里，一条犹自存活的小虫，正探出半个身子，好奇地张望着浮华都市。

若是不敢生吃山楂，还可以熬成酱，舀几勺和入水中，便是一杯酸甜可口的山楂饮。而零食架上的果丹皮、山楂糕，大概也是古人"去皮核，捣和糖蜜，作为楂糕"的遗风，与冰糖葫芦一起，酸酸甜甜地长在中国人童年记忆的角落里。

山楂

Crataegus pinnatifida

蔷薇科 / 山楂属

如闻海鸟不宜牲，亦似山查便野生。
红后满村量雀卵，秋来偏此只风声。
对苹犬马伤孤抱，种豆迂谈少一甥。
来往细腰争窖蜜，莫须移浸与东陵。

〔明〕徐渭《山楂》

梨花淡白柳深青，柳絮飞时花满城。

惆怅东栏一株雪，人生看得几清明。

〔宋〕苏轼《和孔密州五绝·东栏梨花》

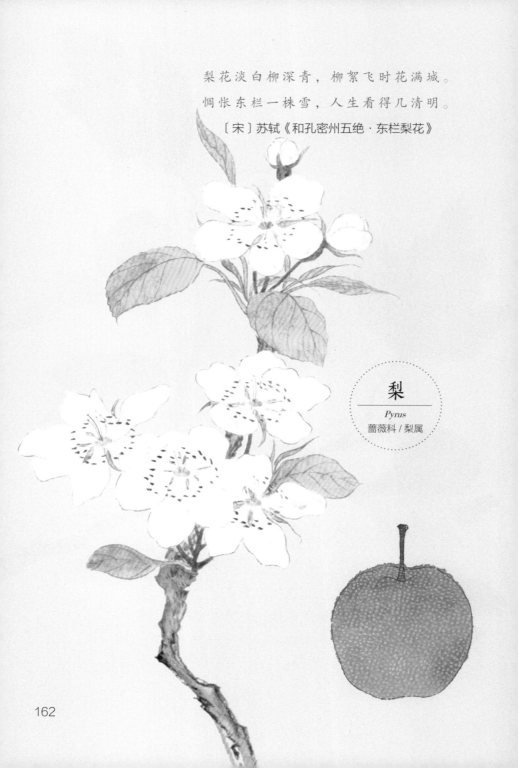

梨

Pyrus

蔷薇科 / 梨属

《京华烟云》里姚木兰替儿子取名为阿通，借陶渊明"通子垂九龄，但觅梨与栗"之句，向名中有梨字的孩子祖母聊致敬意。中国人从先秦吃到二十一世纪的梨，实大而味美，甘甜且多汁，九龄儿童自然难以抵抗其鲜甜诱惑。

"融四岁，能让梨"固然名垂千古，成为后世蒙童的行为模式范本，但好吃实是人之天性，大多数的人都如陶通一样，管不住腹中馋虫，在追求美果的路上寻觅不已。于是，栽培数千年的梨，最终发展到家族浩瀚，拥有上千种，有头尖肚圆的传统梨形身材，也有椭圆得接近浑圆的雪梨，形状各异，皮色不同，口感更是各有千秋、难分高下。

虽然在成语故事里，哀梨蒸食，已成为暴殄天物的代名词，但喜欢搞搞新意思的后世人却无惧于桓温的奚落，生食虽美，偶尔也得换个口味，将梨拿来炖煮蒸，前有传统怀旧的梨膏糖，后有现代时尚的红酒雪梨。

春三四月，众果树齐齐放花，桃红杏粉梨李白。梨花开时，瓣薄花大，千树缀云，漫地铺雪，刹那芳华，转瞬飘零，撩人情思，连豪放派文士苏轼看了，也要感叹"人生看得几清明"。若逢春雨落下，更是添人闲愁，唐伯虎见了，一定要写首香艳的闺怨词"雨打梨花深闭门，忘了青春，误了青春"。

自从白居易写下"玉容寂寞泪阑干，梨花一枝春带雨"，梨花带雨，就成妖变精，幻成人形，变成了无数个爱哭的女孩子。而最爱哭的女孩林黛玉，她住的潇湘馆，前院是千百竿翠竹，后院是"大株梨花兼着芭蕉"，院落里的植物，不是与泪相关的竹，就是点滴霖霪的芭蕉与带着雨的梨花。总是梨花带雨的林姑娘，是否也曾心情平和地欣赏过自家后院的"梨花院落溶溶月"呢？

梅子留酸软齿牙，芭蕉分绿与窗纱。

日长睡起无情思，闲看儿童捉柳花。

〔宋〕杨万里《闲居初夏午睡起·其一》

梅子黄时雨

最初，梅树种下，不是为了看花，而是为了吃果。"若作和羹，尔唯盐梅"，在《尚书》的句子里，梅的存在，已是一种酸酸的调味料。后来，梅花另辟疆域创下自己的花样江山，和着雪飘着香，独占春先，千娇百媚，凌寒而开，备受赞美，在中国观花史上，风头之劲，千年无两。

守得黄时也自酸的梅实，注定无法作为生鲜水果上市，因为没有几个人的牙齿耐受得住那般酸苦滋味。可是，纵使梅花占尽风流，梅子的故事却并没有被梅花写完。望梅止渴、青梅煮酒、黄梅天、落梅风，都是与梅花无关的梅子专属词组。连青梅竹马的故事里，绕床弄青梅的女孩儿，手里的玩具，也不是溢香的梅花，而是青青的梅子。

梅花开后，便是春天，百花怒放时，却是梅子青时节。待到阴历四月，春花尽谢，梅子黄时雨难歇，整个四月因此都被称为梅月。终于熬到雨季完结，五月的落梅风款款吹起，

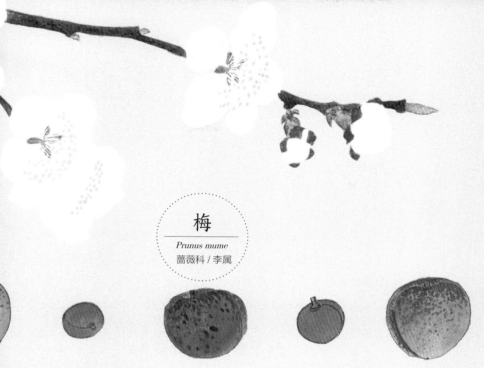

梅

Prunus mume

蔷薇科 / 李属

"青梅旋摘宜盐白"。经盐腌、糖渍、蜜调、干制，青梅变成乌梅、酸梅、梅干、梅脯、话梅……自古至今，不堪鲜食的梅子总是换一个样子，一次次走进人类的餐饮世界。

近年，国人也开始泡起梅子酒，或以为是在重温古人青梅煮酒的旧梦。然而，在青梅煮酒论英雄的故事里，梅子并未和酒一起煮，只是一碟下酒菜"盘置青梅，一樽煮酒"。但是，我国古代并不是没有梅子酒，在苏轼的笔下，它被写作"梅酝"。除了梅酝，古之梅饮，还有梅汤。青梅渍成乌梅，乌梅再煮成中国人最熟悉的梅制饮品酸梅汤。

有人说，梅字含母，乃因女子孕吐喜食。此说法甚是牵强，据古人《说文解字》的解释，梅这个字，本是指楠树，后来被借去指代结着酸果的树，这一借就再也不肯还了。原本意指酸果的"楳"与"槑"字作为异体字被淘汰弃用。在中国，岂止梅花梅子，就连梅字，也有着无数历史沧桑呢。

枇杷冬着花

与乐器琵琶同音的"枇杷",起初也是乐器的名字,《释名·释乐器》里说"手前曰枇,引手却曰杷,象其鼓时,因以为名",所以,关于枇杷因叶状或果形类似琵琶而得名枇杷的说法,也许并不正确。因为,谁也无法绝对肯定,古书里的枇杷琵琶混来混去,究竟是古人误写了错别字,还是琵琶与枇杷谁先模仿了谁。

无论名字从何而来又如何演化,植物枇杷并不曾辱没好名字。"树繁碧玉叶,柯叠黄金丸",佳叶常青,美果可口,如若自由生长,叶大枝繁的枇杷不出数年即可树冠亭亭如盖。

有个性的枇杷,似乎总与主流逆道而行。凛冬,百花沉寂,它却花已玉嶙峋,黄褐花托白色花朵,五朵十朵攒成一束,成为在晚秋初冬里苦于无花可采的蜜蜂罕有的去处。急性子的樱桃,三月花开,五月果熟,用短短三个月的时间快速走完一年间最闪亮的日子。晚于樱桃上市的枇杷,却不慌不忙,在五月南风熏吹之下,在花开六七个月后悄然成熟,"大似明珠径寸,黄如香蜡成丸",若是嫁接栽培的无核枇杷,肉多核小,更是上佳,剥开来,浆流汁甜,蜜溅齿牙。

在步履匆匆快节奏的当下,也许,从容地开花结果的枇杷是想要告诉人们:"日子嘛,快有快的好,慢有慢的美。"

不同地域,物候有别,在冬日煦暖的华南,连慢性子的枇杷也会着急起来,春三月就已挂起满树的小小卵圆金弹。看来,因"独备四时之气"而为人称道的枇杷,只有在四季分明的地域,才能够秋花夏实跨越四季。只是,步履更为匆忙的南方枇杷,少了一个季节的酝酿,味道会不会略差?对于漂泊华南的异乡人来说,枇杷却永远属于初夏,属于故乡五月插秧时节,田头树下,和着南风一口吞下的金色甘甜。

枇杷

Eriobotrya japonica

蔷薇科 / 枇杷属

大叶耸长耳，一梢堪满盘。荔支分与核，金橘却无酸。
雨压低枝重，浆流冰齿寒。长卿今尚在，莫遣作园官。

〔宋〕杨万里《枇杷》

一陂春水绕花身，

花影妖娆各占春。

纵被春风吹作雪，

绝胜南陌碾成尘。

〔宋〕王安石《北陂杏花》

杏

Prunus armeniaca

蔷薇科／李属

杏花吹满头

在中文语境里，梨不仅是梨，杏不仅是杏。梨园，因为李隆基的缘故，几乎代表了戏曲界。杏坛，自庄子编造出孔子休坐于杏坛之上读书弦歌的故事，就成了授徒讲学之所。而杏林高手，不是伏剑天涯的江湖侠客，却是妙手回春的高超医者。

梨杏二字，本指植物，无奈汉语太过博大精深，在历史与文学的催化下，竟衍生出无数词与义。都因文人笔墨播弄，原本自行开落与世无争的杏花，在汉语文化里竟同时承载起高贵与轻贱。有时杏尊贵无比，日边红杏倚云栽，是新科进士的杏园宴；有时杏受人轻贱，一枝红杏出墙来，竟成为不伦情感的代表。

出墙的花木成百上千，杏只是其中一个，又有何错？要怪，当然不能怪杏树作为春意最闹的那一株开得太过绚烂，只能怪写诗与读诗的人类爱将草木扯进人类的污浊情感世界。而在没有人类的天地里，三月杏花，叶尚未萌花先绽，旋开旋落旋成空，花褪残红青杏小；六月杏熟，出林杏子落金盘，虽是甜梅亦含酸，转眼上市转瞬无。

春光纵好，只得刹那，是
以，读懂了杏花花语的妙龄女子，
才在"春日游，杏花吹满头"之际，忘
记了世间对女子的种种行为约束，发出"纵
被无情弃，不能羞"的大胆宣言。如果有陌上少
年足风流，爱上了，就将身嫁与。毕竟，韶华易逝，一
不小心，如花少女已经被盲婚哑嫁，"绿叶成阴子满枝"，
一生都不会有机会知道爱究竟长什么样子。

　　大胆的少女终究是异类，在女人动辄被贴上言行轻浮标
签的时代里，杏花难以吹上小楼，永远只是楼外深巷的卖花声。
就连"牧童遥指杏花村"的杏帘在望，"杏花疏影里，吹笛
到天明"的沧桑意境，都是男人专利而已。这样想时，生活
在自由年代的女子，就很想立即冲出门墙，冲到陌上，沐着
春光站在一片杏花里，替许多古代的少女将时代欠她们的杏
花自由自在地吹满头。

霜催橘子黄

爱吃什么水果？柑，橘，橙。原以为自己很博爱，经植物学家科普之后，才发现其实自己很专一。原来大的丑橘、小的沙糖橘、肉色鲜赤的血橙、甜蜜味浓的脐橙、潮柑、芦柑、皇帝柑，居然都是柑橘。

柑橘属有三大元老，分别为柑橘（*Citrus reticulata*）、柚（*Citrus maxima*）和香橼（*Citrus medica*）。柑橘与柚结合成了酸橙（*Citrus × aurantium*），酸橙与香橼共同生产出了柠檬（*Citrus × limon*）。其他柑橘属植物也都来自这些物种及其后代之间的反复杂交。

作为古老佳果的橘，屈原早就为它写过赞歌。《九章·橘颂》有云："曾枝剡棘，圆果抟兮。青黄杂糅，文章烂兮。"橘树那如此圆美的果实，青黄错杂，色彩烂若霞辉。这种被誉为"自有岁寒心"的常绿果树，虽然经冬犹绿林，但它四时常绿不关春的美德，却可能只在地气偏暖的南方才能得以保持。

华南人民爱于春节期间以年花为饰，必不可少的是一盆年橘（俗作"桔"），取其吉字。趋吉避害，人同此心，长江流域的农家也多喜于房前屋后种几株橘树，既得吉祥多子的好彩头，又有美树青青装点庭院，嘉实累累可供采撷，一举多得，何乐不为。

到得春四五月，门前橘树白花满枝，纵然隔着一两百米的距离，春风过时，都嗅得到明显的橘花芬芳。一如古诗所说："清比木犀虽未的，烈如茉莉已无疑。"白色花朵往往香气浓烈，橘花尤其馥郁出众。

植物的日子过得快，才闻过春香，忽忽就看到秋果。味道美的被采下储藏，可以一直放到春节。中看不中吃的，由它留在枝头，残雪压枝犹有橘，雪里挂金，渐渐长成风景。

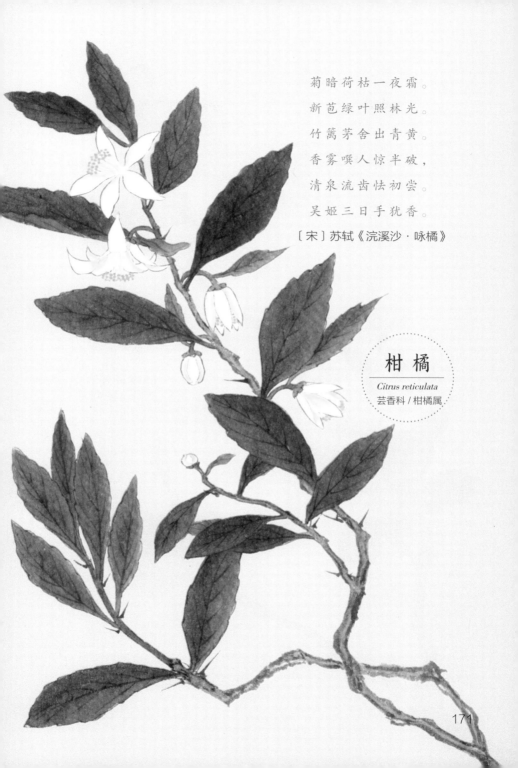

菊暗荷枯一夜霜。
新苞绿叶照林光。
竹篱茅舍出青黄。
香雾噀人惊半破，
清泉流齿怯初尝。
吴姬三日手犹香。

〔宋〕苏轼《浣溪沙·咏橘》

柑 橘
Citrus reticulata
芸香科 / 柑橘属

171

异果曾因释老知，喜看嘉实出京师。
芳腴绝胜仙林杏，甘脆全过大谷梨。
炎帝遗书惭未录，长卿多病独相宜。
由来南土无人识，那得灵根此处移。

〔明〕曾棨《苹婆果》

苹 果

Malus pumila

蔷薇科 / 苹果属

在日本，苹果被称为"林檎"，但这个词并非日本人的原创，而是来自中国。"林檎，如苹果而差小"，"花红，树似西府海棠，实似林檎而小"，"苹果，花红，秋子，皆奈属"，此类记载古文献里还有很多。今之植物界学者裁定：苹果、林檎、花红、奈、沙果等古文献中出现的名称，均指苹果属内某种植物。

虽然古代已经有苹果这个名字，但植物学家们普遍认为，古人没有吃过甘脆爽口的现代苹果。就连日本，也以"西洋林檎"作为现代苹果的标准称呼。

清《宣化府物产考》里说："苹果，即佛经苹婆果也。"佛经里的"苹婆果"演变成了"苹果"。这种用"神圣佛果"命名的水果，滋味到底如何？清人王象晋在《群芳谱》里写："叶青似林檎而大，果如梨而圆滑。生青，熟则半红半白，或全红，光洁可爱玩。香闻数步，味甘松。未熟者，食如棉絮，过熟又沙烂不堪食。"从"松""如棉絮"这些词看来，口感并不生脆，所以现代学者都认为古之苹果，应为口感绵软的新疆野苹果（*Malus sieversii*）的栽培种。

明人曾棨在《苹婆果》一诗中写道"芳腴绝胜仙林杏，甘脆全过大谷梨"，究竟这个脆字，是文人笔墨随性为之，还是真的清脆胜于梨呢？可惜的是，现代人无法亲尝以证绵或脆。

至于林檎，多认为是指现代学名为花红（*Malus asiatica*）的苹果属植物，北方秋季各种秋果上市时，还能于水果摊上偶尔一见。此外，明代书籍《通雅》里特别提示"岭表另有苹婆，非苹果"，确实，中国另有一种植物，名字也源自佛经"苹婆果"，即锦葵科苹婆属的苹婆（*Sterculia monosperma*）。它作为热带植物，长得与苹果差别很大，倒不至于混淆。

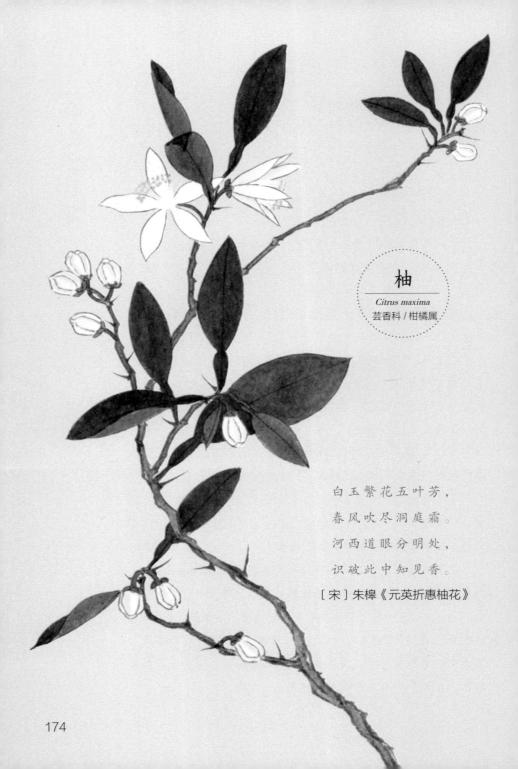

柚

Citrus maxima
芸香科 / 柑橘属

白玉繁花五叶芳，

春风吹尽洞庭霜。

河西道眼分明处，

识破此中知见香。

〔宋〕朱槔《元英折惠柚花》

在日语里，汉字词语"柚子"，不是柚子，而是香橙（Citrus × junos）。柚子的日文名是汉字词语"文旦"。日本传说柚子是十七世纪左右经由漂流到鹿儿岛的中国遇难船传入日本，而文旦之名来自船身所书写的船长姓名"谢文旦"。

传说可能为真，但文旦之名的来源只怕与船长无关。在康熙雍正年间辑成的《古今图书集成·漳州府物产考》中，就有"长泰柚名文旦者，俗又最贵，不可多得"，"其最佳者为文旦"等记载。虽然文献时间比柚子传入日本的十七世纪要略晚，但应该不可能是日文名的汉字词语反向输入。

诗文里的橘与柚如影随形，极少分离。它们虽同属柑橘属，结出的果实却差异巨大，"小曰橘，大曰柚"，不曾混淆。

关于橘柚，古时唯一的笔墨官司，是宋人唐慎微在《证类本草》里写"柚皮浓，味甘，不如橘皮味辛而苦"，随后沈括就在《梦溪笔谈》里反驳"柚皮极不可向口，皮甘者乃橙者"，后来明人李时珍又站出来推翻沈括"此说似与今柚不同，乃沈氏自误也。不可为据"。或者，皮之甘苦在于制作手法。在擅长用柑皮制作陈皮的广东人看来，皮甘者当然是柑；而擅长添糖加蜜制作柚子茶的韩国人，肯定不会觉得柚皮苦。

个大体圆的柚子，古时有两个别名，一为朱栾，一为香栾。"其大者谓之朱栾，亦取团栾之象。最大者谓之香栾。"在清代《罗定州风俗考》里记载着中秋民俗"剥芋展柚以赏，间制柚子花灯，燃点游行"，至今广东人依旧有中秋月饼柚子同上桌的风俗，也是取月圆果圆人团圆之意。

摇落枣红时

老家屋前屋后，各有一棵枣树。某年端午归家，还未进门，先见到屋前那棵枣树，数米高的树干上，不复旧时枣叶双扉、光润互生的清爽模样，鼠耳般的翠叶铺枝盖条，密密麻麻长了一树。作为极爱吃枣的人，见了那一树疯长的叶子，不由得心中暗叫不妙。放下行李，先网络搜索"枣疯病"，果然没错，屋前菜圃里这一株已经无药可救，只能砍掉。

患了枣疯病的枣树，疯长叶子不开花，花器退化，变成一棵"公枣树"。《增广贤文》里提到，"枣花虽小结实多"，没了花，便再也结不出甘甜的枣子。那一株枣树，每年秋天，枣熟众人打，树旁永远闲闲放置着一条长竹竿，村人经过时，必定受不了树上那累累垂坠的青中泛黄、白中沁红的诱惑，总会取竿随意敲几粒甜枣下来，磨牙解馋。听说它患了绝症，乡邻莫不扼腕叹息。

枣花虽不足赏，却群簇而开，淡花满树，甜香盈鼻。初夏花开，推开后院门，总先听到一树嘤嘤嗡嗡之声，继而才发现为数众多的蜜蜂正在树上翻飞奔忙。枣园众多的陕鲁等地，枣花开时，应当连空气里都满溢着新蜜气息。

枣子鲜食甘脆，干吃甜软，味道很好，既宜蜜制也宜羹汤。但这被民谚称赞"一日三枣，长生不老"的美食，或因寻常，反被等闲看，"人言百果中，唯枣凡且鄙"，在晋武帝公主宅第中，竟以枣作为阻隔臭气的如厕塞鼻之物，实乃暴殄天物。

Chinese date 和 red date，是枣的两个英文名。如果看过《平凡的世界》里写双水村打枣节景象，肯定会觉得这两个英文名取得非常贴切。秋来红枣压枝繁，在树上丹朱泛彩的枣儿，分明是以无比甜蜜的媚眼，在向老百姓明送秋波，召唤着人们快来进行那一场延续数千年的"八月剥枣"之红色约会。

好植蓬莱树，无凝枳棘姿。

鸡心藏密叶，羊角出高枝。

外炳丹朱彩，中含石蜜滋。

何当如尹令，见食玉文时。

〔宋〕丁谓《枣》

枣
Ziziphus jujuba
鼠李科 / 枣属

桃李不言，下自成蹊。一树果实，不仅勾引得鸟雀啄食，自然而然也会撩起人类的采摘天性。花开邀人看，果熟招人采，故桃李之下，总有人类行迹。即便形象老实如杜甫，幼时也"庭前八月梨枣熟，一日上树能千回"。到了《世说新语》里，王戎的熊孩子小伙伴们，见到道旁李树果实累累，天性战胜德行，当然不会有人记得"瓜田不纳履，李下不正冠"的避嫌行为守则，"竞走取之"。

只是，虽然桃李二果时时相提并论，桃熟大多甘甜，李熟却未必味美。苦李涩李皆有之，常半甜半酸，酸中带苦。所以当众小伙伴纷纷摘取道旁李子之时，七岁的王戎却淡然地站定不动，断言长在道旁却没被摘光的李子，味道一定欠佳，必属苦李。

年幼的王戎虽然在《世说新语》"雅量篇"里赢得聪颖名声，却在"俭啬篇"里长成了庸俗现实的中年人："王戎有好李，卖之，恐人得其种，恒钻其核。"王戎将李子核钻破的原因真是令人啼

李

Prunus salicina

蔷薇科 / 李属

178

笑皆非，后人读了，不由开始怀疑：列名于竹林七贤中的他，贤字从何而来？

滋味甜美的好李的确难得，长江流域农家偶尔植李，往往果实小而味酸涩，不出数年就被农家嫌弃而斫树掘根，能在门前屋后长驻久安、年年依旧笑春风的常见果树，还是桃树。正因杏李滋味易带酸苦，故今之"话梅"，并非全以梅子为原材料，也常用李或杏。如果零食包装上写着"加应子"或"嘉应子"，那就是如假包换的李子制品了。嘉应子为李子古名"嘉庆子"的误称，"东都嘉庆坊有李树，其实甘鲜，为京城之美，故称嘉庆李，今人但言嘉庆子"。

李属中有一樱桃李（*Prunus cerasifera*），俗称为红叶李或紫叶李，花开淡粉，叶色讨喜，已成江南都市常见观赏行道树。至于道旁紫叶李，不管是甜还是苦，劝君还是非礼勿摘取。

满园花发白于梅，又与红桃并候开。

可口直须成实后，莫将苦种路旁栽。

〔宋〕朱淑真《李花二首·其一》

樱桃李

Prunus cerasifera

蔷薇科／李属

179

照眼石榴红

凡事都爱有个好彩头的古人钟爱石榴，因"千房同膜，千子如一"，人丁兴旺，多子即多福，完全吻合大家族群居理想。俗世梦想往往欠缺美感，太过看重吉利寓意，就容易对石榴之美视而不见，看不到榴叶光润秀巧、榴花灼红胜火、榴实累累可爱。

每年五月，春花谢尽，石榴登场。"却是石榴知立夏，年年此日一花开"，不结实的千叶重瓣石榴花，花发满枝，半吐红巾，轻裂绛唇，流朱溢丹，灼目耀眼，染红了都市的绿道小区。作为果树的石榴，花开单瓣，轻衫薄裳，匆匆花开花谢，褪去罗裙，将日益膨大如球的小小锦囊挂上枝头，任夏日炙烤以着色，随秋霜侵袭而带彩。等到锦囊因为装满了甜蜜多汁的智慧而脸红而沉重而炸裂，就会有一双双贪吃的手游上枝头。

对于缺乏耐性的人来说，石榴果虽好，奈何有籽。然而，没有什么能阻挡人类对美食的向往，穷尽智慧之后，世上竟有了软籽石榴。从此，钟爱石榴滋味的人群就过上了幸福生活，一口吞下几十粒水晶珠子、数十颗玛瑙球，浆汁迸出，清甜满口，美妙滋味难以言传。

在不爱吃石榴的人眼中，石榴带来的视觉美感更为浓烈。瞧那一颗"露浥玛瑙红"的石榴果，自带光芒，色泽美好，剖开来，室室精巧，粒粒晶莹。放入盘碟，置于木桌之上，即成一份不输于鲜花的装饰摆设。

石榴又名丹若，即红红如丹的样子。都说石榴色最正，故而那一抹丹华灼烈烈的浓艳花色，成为人所称羡的石榴红。一抹石榴红，色作裙腰染，进入衣衫王国，便成一袭璀彩有光泽的石榴裙。碧叶绛朵朱实，一年三季春夏秋，每一棵石榴树都闪烁着光，闪烁着动人的美好。

庭榴结实垫芳丛，

一夜飞霜染茜容。

万子同胞无异质，

金房玉隔谩重重。

〔宋〕刘子翚《和士特栽果十首·石榴》

石 榴

Punica granatum

千屈菜科 / 石榴属

金桃两钉照银杯，
一是栽来一买来。
香味比尝无两样，
人情毕竟爱亲栽。

〔宋〕杨万里《尝桃》

桃
Prunus persica
蔷薇科 / 李属

天上的蟠桃宴，自然不请小小的弼马温，于是一颗鲜甜多汁的桃子，引出一本西游故事。那调皮猴子偷吃了蟠桃，饮了御酒，盗了仙丹，搅乱了蟠桃宴，跳入凡尘，扯掉头上那顶弼马温的芝麻小乌纱，与各路神仙大战三百回合，直至被如来神掌压在五行山下。《西游记》终于将中国人对千年蟠桃由来已久的仰慕渴望演绎了个淋漓尽致。

世间水果众多，独桃在中国别具神话色彩，"桃实千年非易待"，因为三千年一度红，所以吃了才能体健身轻，长生不老，得道成仙。盼着与天地齐寿、与日月同庚的贪心人类，并非秦始皇一人，故而数千年间，中国民间才对仙桃的传说念念不忘，连寿星的额头也要长成饱满的桃子形状。

一颗鲜美多汁的果实后面，不仅潜藏着人类的贪念，更牵扯着人际纷争。在中国历史故事里，二桃杀三士，更是人类兵不血刃的阴沉机心计谋。白里透红甘甜无比的桃子，竟成为政客拨弄人心的工具，读之只能徒然叹息。

撇开幻想与传说，桃子就是种植几千年的美味水果而已。在人类的巧手之下，宜家宜室、灼灼其华的桃将开花结果的责任一分为二，让碧桃、绯桃、帚桃等花开重瓣，负责在春天演绎千娇百媚的桃花笑春风，由水蜜桃、黄桃、油桃等果藏甘蜜，负责在夏秋奉上滋味各异的桃子压枝垂。既有花堪赏，又有果可食，实在不能怨中国人从来都对桃另眼相看。

如今，就连桃树干上泌出的桃胶，虽然黏黏部分其实只是富含膳食纤维，却也被追捧为有美容减龄之效的植物胶原蛋白。赏桃花，吃桃子，煮桃胶，再加上一支镇邪的桃木剑，或许便组成了既浪漫又现实的桃之中国。

桃子压枝垂

麦
老
樱
桃
熟

　　若想吃樱桃，须要学会与鸟争食。若任由门前一株樱桃暴露于清风之中暖阳之下，这棵果树就是人类与天地携手，专门种给鸟雀的供品。樱桃等不到红了，就会被流莺飞雀含食而去，偷啄殆尽，是以樱桃别称莺桃或含桃。

　　十数年来，故乡老屋庭院，常砍常栽，一直都有一株樱桃树在侧。栽树的是爱樱桃果如赤珠滋味酸甜的儿女，砍树的是因年年都争不赢鸟雀而愤愤不已的老父。儿女们常不在家，父亲眼见得叶底粒粒如青豆，正期待着摘得赤玉堆满盘，吃得满嘴甘爽，却不料次日绕树一看，早起的鸟儿有果吃，将那尚未红熟的樱桃啄得所剩无几。种树十余年，每年竟只能去水果铺里买樱桃解馋，也是堪叹。

　　并不是每个人都如老父一般，在樱桃大战中屡屡落败。村邻中不乏心细之人，罩以蚊帐，围以纱网，将樱桃树冠护得严严实实，在与鸟儿斗智斗勇中大

樱 桃
Prunus pseudocerasus
蔷薇科 / 李属

获全胜。这样的人家，五月麦熟时节，往往能"摘来珠颗光如湿"，将这一年一度的时令佳果，尽情吃个痛快。

这些年来，俗称车厘子的欧洲甜樱桃（*Prunus avium*）入市，果大肉厚，甘甜无酸，很受大众欢迎。可对于吃惯传统国产樱桃的人来说，口感甜中带酸的古老樱桃滋味，是铭刻在舌尖上的记忆，无可替代。遗憾的是，较之车厘子，中国樱桃更为娇嫩，不耐储藏，仅为上市半个来月的时令鲜果。

樱桃花期往往早于桃李杏梨，逢着气候温暖的年景，在长江中下游一带，二月底就已经能见到满树樱桃花开，白中沁着一点微粉，繁英如雪照眼。一如樱花，樱桃花期苦短，转瞬凋零，随后新叶长出，匀圆青果陆续挂枝，五月初就结满了红中带黄，色泽宛如玛瑙的熟果。仅两三个月的时间，行色匆匆，开花结果，韶华盛极归平淡，难怪词人见了，不由得要感叹流光容易把人抛。

火齐宝璎珞，垂于绿茧丝。

幽禽都未觉，和露折新枝。

〔宋〕范成大《樱桃》

悬钩或覆盆

多少在乡间度过童年的孩童，长大后捧着课本，跟着鲁迅从百草园逛到三味书屋，课文里印象最深刻的那一句可能是"还可以摘到覆盆子，像小珊瑚珠攒成的小球，又酸又甜"。目光扫过这一句时，许多人的心里可能啊地一下：原来，童年在田埂上陌路间摘过的带刺的果子，大名叫覆盆子。

成年后去找覆盆子的图片来看，却发现与自小熟悉的珊瑚球不大相似。等到有机会在果期重回乡间一探，细心的人会发现，有的叶子卵长带锯齿，有的叶子深裂如手掌，就连果形，细看也有差异，有的攒得致密，有的疏松空心。

有爱追根刨底的，继续细究，会发现自己掉入了悬钩子属的泥坑：这一个属有七百余种植物，中国拥有近两百种，南北东西的野原旷地，每年初夏都挂满了悬钩子属酸甜诱人的球形聚合浆果，果色分赤黑黄，如攒珊瑚，如聚玛瑙。一般人实在没有能力正确叫出它们的标准学名：茅莓、蓬蘽、覆盆子、悬钩子、空心泡……

不仅今天的人被悬钩子属搅糊涂，古人更是徒劳分辨，"此种生于丘陵之间，藤叶繁衍，蓬蓬累累，异于覆盆，故曰蓬蘽"，"然北地无悬钩子，南方无覆盆子"，"蓬蘽乃覆盆之苗茎，覆盆乃蓬蘽之子也"，"莓子是蓬蘽子也，树莓是覆盆子也"……如果认为"此类凡五种"的李时珍知道此类仅在中国就有近两百种之多，一定也会放弃挣扎吧。后来，蓬蘽、覆盆子、悬钩子、莓，这些曾出现于古人笔端的植物名字，在现代植物学里面，都被指配给固定的植物专用。若要一一识别，采摘之时恐怕需要随身携带一本悬钩子属植物图鉴。

古人说"覆盆子令人好颜色，久食之佳，蓬蘽同功"，纵有如此佳赞，覆盆子在中国仍未能跻身常见水果行列。

茅针香软渐包茸，蓬蘽甘酸半染红。
采采归来儿女笑，杖头高挂小筠笼。
〔宋〕范成大《四时田园杂兴六十首·其二十》

覆盆子
Rubus idaeus
蔷薇科 / 悬钩子属

中华猕猴桃

Actinidia chinensis

猕猴桃科 / 猕猴桃属

黄叶飘风满地秋，山房终日冷湫湫。

夔夫靠晚樵青至，摘得藤梨在担头。

〔明〕敬中普庄《呆庵庄禅师语录·秋日山中即事》

植物的种子，借助风借助鸟兽而展开生命的旅行。原本，它们会囿于风力的有限与鸟兽行迹的固定，而不会走得离原生地太远，然而人类可以将生于此大洲的植物带到彼大洲。中华猕猴桃，即经由传教士之手，在二十世纪初从中国湖北宜昌出发，穿过半个地球，来到新西兰。最后，几经栽培变异，以更为丰美肥润的奇异果（Kiwi fruit）身份，重回亚洲。

曾游张家界，一行人沿金鞭溪溯水岸而行，林荫匝地，山鸟时鸣。忽有人指道旁灌木丛惊呼：猕猴桃。随声望去，山壁上藤蔓游走，大大的卵圆形叶子覆盖，细看才发现藏着一两朵五萼白花，因为并非果期，识得它的人虽然惊呼频频，不认识它的人循声看一眼，只当它是寻常草木，过目即忘。

后来，猕猴桃以营养丰富、滋味甘美而名声大噪。盛名之下，也思拥有，从众买一株猕猴桃准备盆植时，才惊觉这种果木原来是攀缘于山壁旁的大型藤本植物，盆栽方寸之地不可能容得下它自由攀爬的辽阔未来。这种古别名为"藤梨"的果木，大概只有单门独户有庭有院的人家，才能庭植一株。

"其形如梨，其色如桃，而猕猴喜食，故有诸名。闽人呼为阳桃"，在古人的释名里，阳桃或羊桃，都被列为猕猴桃的别名。可是，明人方以智在《通雅》中的反驳应该才是正解："苌楚铫芅之羊桃，非今闽广之羊桃也。"闽人所呼之阳桃，应该是指果具五棱，横切面宛如五星的酢浆草科植物阳桃（*Averrhoa carambola*），是能高达十米以上的乔木，与猕猴桃区别明显。

一年两度伐枝柯，万木丛中苦最多。

为国为民皆丝汝，却教桃李听笙歌。

〔明〕解缙《桑》

桑

Morus alba

桑科 / 桑属

幼时上学必经之地，生有巨大桑树一株，主干自一米处分枝，树冠如伞撑开。每年五月初，叶间穗果累累垂垂，嫣红黝紫漫簇成堆，引人垂涎。傍晚时分，树上就长满了放学归来的孩童，各据一处倚树干而大嚼。归得家来，立即被家长一眼看破，因为嘴唇手指、衣衫口袋，皆被桑葚汁染成乌紫。

桑葚甘香，但并非所有桑树都能结出紫黑、肥润、甜美溢浆的多汁浆果。有些桑树的穗果，红酸干巴，食之无味。童年乐趣之一，也包括辗转于陌上，遍寻野间桑树中果实滋味最美的那一棵。

于中国人而言，桑并不只是出产贪馋孩童眼中的美食佳果。仅是一本古老的《诗经》，远古的吟唱里就留下了许多故事。"桑之未落，其叶沃若。于嗟鸠兮，无食桑葚"，桑曾见证过爱的甜蜜开始与婚姻的苦涩终结。也曾因"期我乎桑中，要我乎上官"而沦为伤风败俗之地——桑间濮上。

在中国人的词典里，桑关乎光阴流转：日出之处，名扶桑；日西垂，景在树端，谓之桑榆。日出而作，日落而息，桑更关乎一丝一缕生活日常，是耕桑，是桑稼，是男耕女织，是保障丰衣足食的农桑之事。然后，有人烟处，"五亩之宅，树墙下以桑"，遍植桑树的地方，是桑井，是桑梓之地，是游子魂牵梦绕的故乡。

蚕桑历史既久，年年春夏，长江中下游一带孩童仍常采桑饲蚕。几年前偶居沪上，四月间，家有小学生的为人父母者，几乎均在苦恼去何处为孩子找到桑叶。居所附近空地里的一株低矮野桑，每日跑步时经过，眼看它半月之内竟变成秃木。现代都市儿童要体验一下祖先传承数千年的蚕桑生活，在水泥森林间却无法觅得一片桑田，着实可惜。

蔚蔚桑果树

柿繁和叶红

　　十月去乡下走亲戚，见院墙边一株矮柿，叶已半凋，小于婴儿拳头的红柿累累挂枝，映着湛蓝秋空，赤果碧天，宛然如画。将那小小红柿摘一粒，剥开，肉少籽多，纵色已殷红，舔一口仍觉甘中带涩，不堪食用。

　　虽不能食，却很美，那一树如小小灯笼一般的朱实，为农家秋日庭院添了多少风情。许因如此，它才逃过了被砍伐的厄运，长成墙脚一树红柿压疏篱的明媚点缀。实际上，除了作为水果惹人钟爱之外，古人对柿子大唱赞歌："世传柿有七德，多寿、多阴、无鸟巢、无虫蠹、霜叶可玩、有嘉实、落叶肥大。"当然，个中颇有谬误，柿树上未必没有鸟巢，虫蠹绝对有很多，农家果树鲜少喷药，遇上害虫泛滥的年景，摘下来的柿子，果蒂揭开，往往肥虫爬出，让人见之生恶。倒是柿染，实为古人漏写的柿德之一。用青柿子为染料，布色古朴静雅，沉浸着草木染独特的自然美，令人见之心静。

　　及时摘下尚未生虫、果肉硬实的柿子，可以制成甜糯可口的柿饼。将半青带黄的涩柿削除外皮，柄短近无的方柿、磨盘柿等排放于竹匾中，长柄可系的鸡心形柿子则用绳系成一列，挂于檐下，佐以阳光秋风，简简单单，约十日之后，

柿

Diospyros kaki

柿科 / 柿属

红叶曾题字，乌椑昔擅场。冻干千颗蜜，尚带一林霜。
核有都无底，吾衰喜细尝。惭无琼玖句，报惠不相当。

〔宋〕杨万里《谢赵行之惠霜柿》

即可晒成色泽橙红的柿子干。

　　柿饼虽美，还是有人喜爱鲜食，或喜甘软流蜜的软柿，
或爱甜脆爽口的脆柿。只是，如果钟爱的是需要脱涩处理的
品种，又不想用热水烫、黄酒泡或借助其他催化剂，则需要
耐心慢慢地等，等着岁月将青柿变红变甜。

　　雌雄异株的柿树，初夏开小小的四裂钟状花朵，淡黄白色，
玲珑可爱，如不细看，很难发现。若不加修剪，身形高大的柿树，
可长到十米有余。高树之上的柿实难以采摘，常常留在树上
成为清秋冷冬的赤色风景，由得野鸟相呼柿子红，整日啄来
啄去。

啤酒花

Humulus lupulus

大麻科 / 葎草属

蛇麻，

叶如青麻藤，

蔓生篱落间，

土人采为曲用。

〔清〕《古今图书集成·博物汇编·草木典》（节选）

种棵啤酒花

啤酒花，并不是倒入酒杯中时，漫出的那层驮着白浪的清冽琥珀色酒花，而是植物的名字。许多人以为啤酒花是它的别名，实际上却是如假包换的中文官名。一如其名，啤酒花是酿造啤酒的关键性原料之一，所以英文名为 hop 的它，才得了这么一个中文名字。

用啤酒花的别名"蛇麻"去翻故纸堆，会在宋人朱翼中所著的《北山酒经》中发现，作为"香桂曲""金波曲""顿递祠祭曲"等酒曲的原料之一，蛇麻屡屡现身。

古人用来制作酒曲的蛇麻，就是德国人用来酿造啤酒的啤酒花，这是人类智慧的不约而同呢，还是好酒渴饮天性驱动下的异曲同工？此中的渊源还有待考证。

多年生的攀缘草本植物啤酒花，茎、枝、叶柄之上，均长着防御性倒钩刺，有着叶脉清晰、叶端尖尖的卵形叶，等到啤酒花开，挂出一串又一串的黄绿花朵，深碧间着浅绿，倒颇有几分清爽可喜。啤酒花雌雄异株，啤酒花开，雄雌立现，明眼人从花形上就能区分出植物性别。

虽不知古人用蛇麻制酒曲之时所采用的是何部位，酿造啤酒时，却只有雌花结出的成熟果穗才有效用。故而，若前往啤酒花栽培园参观，所见的可能都是开着雌花的啤酒花。在穗状花序内，每两朵雌花共藏于一片鳞状苞片之下，待到花期尽，果期至，苞片渐次变大，如瓦片般层层覆盖，结成颗颗丰腴、厚实宛如松塔的球果。

至于雄花，浅黄绿色的单朵小花，五瓣花被微张，伴着五根蕊柱，倒也有几分楚楚动人之致，群聚成一串圆锥花序后也是抢眼，单从外貌来看，没有用处的雄花比有用处的雌花，倒是好看得多。

雨余忽生耳

Judas's ear，是木耳的英文名之一。背叛耶稣的犹大羞愧自尽于一株老树之上，后来灵魂就变成了树上的木耳。瞧，植物传说的叙事结构，古今中外总是如出一辙，有着相似的套路。令人不解的是，不知为木耳确定拉丁学名的植物学家出于何种想法，竟不顾双名法规则，将木耳定名为 *Auricularia auricula-judae*，不惜使用一个间隔号，也要将犹大带上。

在英语世界里，Judas's ear 也好，Jew's ear 也罢，都暗含着不怀好意的歧视与贬损。在中国人眼中，木耳却从来都是野味珍蔬，"春涧蕨拳和露采，秋林木耳带霜烹"，值得采煮吃下。木耳古称"树鸡"，以鸡相喻，可见对木耳滋味之赏识。

如果，亦如古人一般"溪老绕林求木耳"，可能绕着老死腐朽的枯树根而求得的木耳，并非日常所见色泽黝黑的黑木耳。木耳色泽本就因附生木质而有差异，古文献里甚至说生于桑树上的桑耳"惟老桑树生桑耳，有青、黄、赤、白者"。

且不论古之桑耳色泽论是否为真，一般而言，野生木耳因生于阴处，光照不足，颜色本就浅淡，初生之际，软软嫩嫩，更多为红褐、暗红甚至更淡的肉红色。故而在韩愈诗里，木耳的形状是"软湿青黄状可猜"，并非黑麻麻一朵。

古人也对生于不同树木上的木耳功效，不厌其烦地予以注解。关于枫木木耳的这一条着实可疑："枫木上生者，令人笑不止。"世上的确存在令人狂笑不止的致幻蘑菇。但枫木上的木耳，纵使有毒，只怕未必能够点中人类的笑穴。

面对野生木耳，人们往往会放松警惕。一些古人就有菇类"木上生者不伤人"的片面武断。野生诸物，若非耳熟能详、代代采食，还是要保有"木耳各木皆生，其良毒亦必随木性，不可不审"的谨慎为妙。

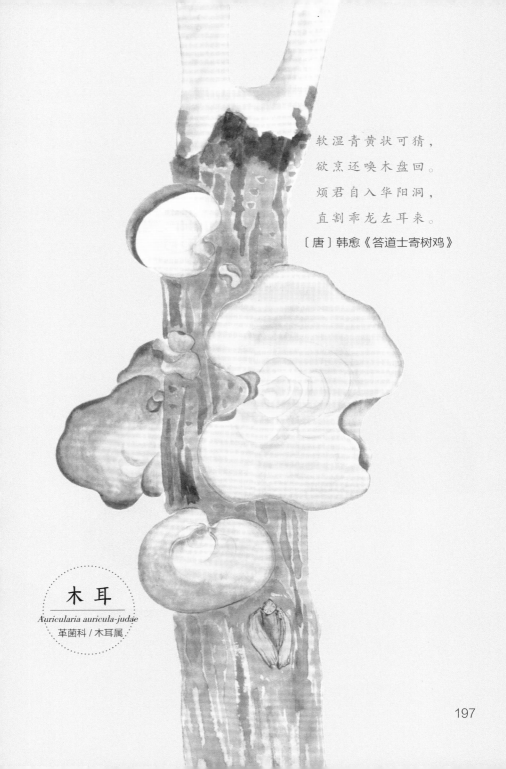

软湿青黄状可猜，
欲烹还唤木盘回。
烦君自入华阳洞，
直割乖龙左耳来。

〔唐〕韩愈《答道士寄树鸡》

木耳
Auricularia auricula-judae
革菌科 / 木耳属

寄来佳品见高情，露菌风销始识名。

翠釜煮时云朵朵，玉纤传处雪盈盈。

香甘绝胜牛酥饼，嫩滑偏宜豆乳羹。

却爱老饕难便饱，吟肠依旧作雷鸣。

〔明〕王绂《适闲翁以松蕈风销见饷以诗戏呈》

松口蘑
Tricholoma matsutake
耳匙菌科 / 口蘑属

华中属丘陵地貌，山很多，却不大，山上多植松树。每年春三月及秋十月，大雨过后，覆地数重的松针中常生出可口的松树菌。这种菌类，伞面黄褐，伞底泛橙，氧化后常带着铜绿色。它的肉质粗硬，口感略嫌脆而柴，并不似一般菌类般软滑宜口，但是煮出来的汤汁鲜美异常。每年逢着菌季，家乡人若没有吃上一顿，便觉得没有好好度过那一季春秋。

从未曾起过心思要去探究家乡这种野生松菌的标准学名，直至松茸之名广闻于世，不由得撩起好奇之心：同有松字，同为菌类，被赞美得无以复加的松茸与故乡松菌有何异同？查询之后才知道，深受乡人喜爱的松树菌，中文名应为松乳菇（*Lactarius deliciosus*），种名里的*deliciosus*，就直接认证了它的鲜美滋味。至于松茸，与松乳菇异科异属，中文正名实为松口蘑（*Tricholoma matsutake*）。

古人聊及菌类时，在"松蕈"类目下如是写："松蕈，生松阴，采无时。凡物松出，无不可爱。松叶与脂伏灵、琥珀，皆松裔也。"或者，诚如古人所言，凡松所出之物，无不可爱，是以许多美味菌类，都以松为姓。

无疑，被世人盛赞的松露、松茸肯定有着众菇难以匹敌的异香与口感。只是，它们之所以登上顶级食材的神坛，并非完全因为味道，在物以稀为贵的人类规则下，是人类作为幕后推手，将这些因稀少而益显珍贵的菌类推上了高处。

诸般野生菌类，都是大自然孕育的珍物，人类又何必硬要对它们品评高下，区分贵贱。食用菌类，无不甘美，不妨按喜好随缘而食，毕竟那些人工栽培、寻常可见、物美价廉的香菇、平菇、杏鲍菇等，才是人类餐桌之上最长情的家常滋味。

松下觅珍蕈

朽木簇香菌

网购始兴之际，曾参加过菌菇种植包团购活动。购得的几个菌菇包，沉重异常，置于厨房角落，一周左右后，自包头一端长出丰润可喜、层层重叠的蘑菇。收获约两三次，菌包变轻，营养耗尽，这一场家常蘑菇养育游戏宣告结束。

后来，看到日本纪录片《人生果实》及片中人物写的书，看津端老夫妻常年在自家培育菌类为蔬，委实羡慕不已。对一般人而言，购买商家已经做好预处理的菌菇包，只需简单喷水操作即可静候收成，尚可时不时践行一下。直接在腐木上栽培菌类，无疑是一门普通人不敢轻易尝试的高深技术活。

然而，再高深，只要人犯了馋瘾，就总能想办法将野生的变成人工的。自古以来，伴着湿气雨露而生的菌类，都引国人注目，菌蕈菇诸字，常在诗文中出没，从屈原笔下"杂申椒与菌桂"到张衡"咀石菌之流英"。古人亦明白菌类"有可食，有不可食。误食能杀人"，但终不敌可食菌类的美味诱惑，南宋时甚至出现陈仁玉的专著《菌谱》，书中历数菌类种种。

《菌谱》中有"合蕈"，说它"寒极雪收，春气欲动，土松芽活，此菌候也。其质外褐色，肌理玉洁。芳香韵味一发釜鬲，闻于百步"，此段文字所描述者，公认或为香菇。诚如古人所言，自然生长的香菇，多生于寒极春来的立冬至清明之间，冬春两种，世人多以为冬菇更佳，是以香菇又常被称为冬菇。

栽培历史悠久的香菇，在一众菌菇中实属平凡。但平凡不等于滋味普通，香菇鲜食，菌香浓郁而又软滑丰腴，宜为菜肴亦宜作羹汤。虽然古人认为"曝干以售，香味减于生者"，但优质干香菇，泡发之际已然香气溢出，若与鸡同炖，则珠联璧合，令一碗清炖鸡汤更增风味，采用鲜香菇反而味道稍减。香菇虽家常，却是生活中的小小幸福。

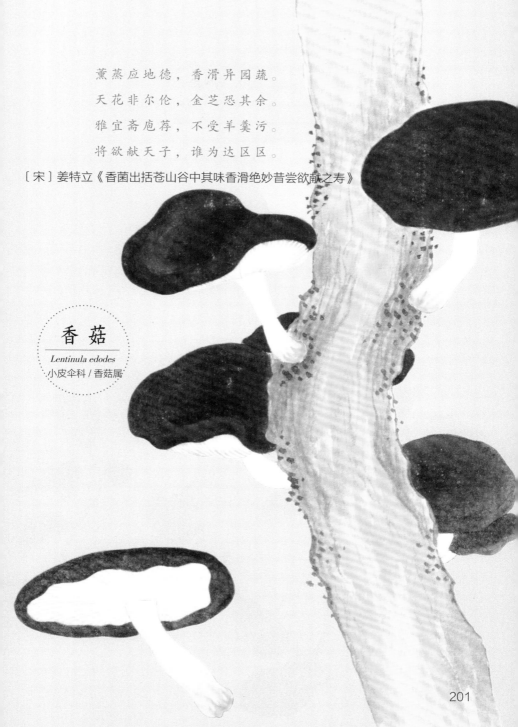

薰蒸应地德，香滑异园蔬。

天花非尔伦，金芝恐其余。

雅宜斋庖荐，不受羊羹污。

将欲献天子，谁为达区区。

〔宋〕姜特立《香菌出括苍山谷中其味香滑绝妙昔尝欲献之寿》

香菇

Lentinula edodes

小皮伞科 / 香菇属

绘者介绍

　　毛利梅园（1798—1851），日本江户后期博物学家。本名元寿，别号梅园、写生斋等。诞生于江户筑地。二十余岁开始热衷博物学，有大量精美的动植物写生图存世。

　　《梅园草木花谱》分为春夏秋冬全十七帖，共收录1275品植物。毛利梅园的作品因其实物写生的特点，成为了解动植物的上佳资料，又因其构图与色彩之美，令其足以作为艺术品供人欣赏。

图书在版编目（CIP）数据

蔬畦经雨绿/徐红燕著. —上海：上海科技教育出版社，
2022.1

（草木闲趣书系）

ISBN 978-7-5428-7594-5

Ⅰ.①蔬… Ⅱ.①徐… Ⅲ.①蔬菜—普及读物 ②水
果—普及读物 Ⅳ.①S63-49②S66-49

中国版本图书馆CIP数据核字（2021）第184097号

责任编辑　王怡昀
封面设计　🐱Dr. HOW
版式设计　曾　刚　陈　丹

草木闲趣书系

蔬畦经雨绿

徐红燕　著
［日］毛利梅园　绘

出版发行　上海科技教育出版社有限公司
　　　　　（上海市闵行区号景路159弄A座8楼　邮政编码201101）
网　　址　www.sste.com　www.ewen.co
经　　销　各地新华书店
印　　刷　上海颛辉印刷厂有限公司
开　　本　890×1240　1/32
印　　张　6.75
版　　次　2022年1月第1版
印　　次　2022年1月第1次印刷
书　　号　ISBN 978-7-5428-7594-5/G·4490
定　　价　68.00元